지은이
이효주

현 대한플라워케이크협회 협회장이자 라크렘제과학원 대표. 어려서부터 맛있는 것과 예쁜 것을 좋아했다. 경희대에서 조리과학을 전공하며 '맛있으면서 예쁘기까지 한 케이크'에 빠져들었다. 크라운베이커리, 배스킨라빈스 31에서 케이크를 기획하고 개발하며 다양한 경험을 했고 여러 전문학교와 기업에서 제과 강의를 하면서 가르치는 기쁨을 깨달았다.

플라워케이크가 퍼플오션이라는 확신이 든 2013년, 우리나라 최초의 플라워케이크협회인 대한플라워케이크협회를 설립하고 민간자격증을 실시하였으며 중국 · 홍콩지부를 시작으로 영미, 유럽까지 플라워케이크의 우수함을 알리고 있다.

현재 라크렘제과학원을 운영하며 베이킹 강의, 국내외 디저트 관련 컨설팅, 언론사 칼럼 기고 등 활발한 활동을 하고 있다. 앞으로도 지금처럼 베이킹과 예쁜 플라워케이크를 통해 많은 이들과 만나고 이야기를 나누며 달콤한 일상을 채워가고자 한다.

탐나는 플라워 케이크

"타 마는 플라워 케이크"

지은이 **이효주**

이덴슬리벨

Prologue

저는 대학 시절부터 예쁜 디저트와 케이크에 관심이 많았습니다. 맛있는 것만으로도 충분한데 모양까지 아름다우니 마음을 빼앗길 수밖에 없었죠. 그렇게 시작된 관심이 직업이 되었고 어느덧 십수 년이 흘렀습니다. 좋아하는 일이 직업이 된다는 것은 큰 행복입니다. 좋아하는 일에 소질이 있고 능력까지 인정받는다면 더 말할 필요도 없지요. 하지만 가만 생각해보면 정말 중요한 건 '하고 싶은 일을 즐길 줄 아는 마음'인 것 같습니다. 처음부터 잘하는 사람도 없을 거고, 내가 좋아하는 일이 무엇인지 모르는 시기도 누구나 있을 겁니다. 천재는 노력하는 사람을 이길 수 없고, 노력하는 사람은 즐기는 사람을 이길 수 없다는 말이 괜히 나온 것은 아닐테니까요.

처음 회사를 그만두려 했을 때 그 좋은 회사를 왜 그만두느냐는 말을 종종 들었습니다. 우리나라에서 잘 알려진 식품회사의 연구원으로 일했던 때였어요. 전국 매장 어디를 가도 내가 개발한 케이크가 진열되어 있는 것은 큰 자부심을 갖게 했고, 회사에서 함께 일하는 팀원과도 손발이 잘 맞았죠. 여러모로 좋은 회사를 그만두기까지 많은 시간이 걸리기는 했습니다. 하지만 머릿속에는 '내가 꿈꾸는 케이크를 만들고 좋아하는 사람과 나누는 일' 그리고 '가정과 일, 두 마리 토끼를 모두 잡을 수 있는 방법'에 대한 고민이 항상 있었어요.

그런 시기와 맞물려 플라워케이크라는 새로운 시장이 형성되는 움직임을 느꼈어요. 이게 바로 내가 제일 잘할 수 있는 일이라는 확신도 들었습니다. 나날이 인기가 많아지는 플라워케이크를 보며 올바르게 정착하고 성장할 수 있도록 협회를 세우면 좋겠다는 사명감까지 들었죠. 제대로 교육하고 판매하는 곳도 있었지만 식품이나 위생, 법률에 대한 기초 지식이 부족한 상태에서 운영하는 개인 공방도 많았기 때문이지요. 여러 생각이 행동으로 이어져 마침내 2013년, 대한플라워케이크협회를 열었습니다. 벌써 햇수로는 4년이란 시간이 흘렀네요.

국내에서 최초로 플라워케이크 마스터 자격증을 시행해 그동안 운영해왔고 중국과 홍콩 등에 해외 지부도 냈습니다. 수많은 국내외 수강생과 만나며 처음 가졌던 목표에 어느 정도는 다가갔다고 생각하고 있어요. 베이킹에 관심이 없는 사람도 플라워케이크를 직간접적으로 접하고 있고 외국에서 코리안 스타일의 플라워케이크를 배우기 위해 우리나라를 찾는 일 역시 더 이상 놀라운 일이 아니게 되었기 때문이지요.

이제는 나름의 두 번째 목표를 가지고 있습니다. 플라워케이크가 더 이상 전문가만의 영역이 아닌, 보다 많은 사람들이 즐길 수 있는 일상이 되길 바라고 있어요. 그 움직임은 이미 여기저기에서 시작되고 있는데요. 곳곳에 개인 공방이 자리 잡기 시작했고 독학을 위한 온라인 카페도 활성화되고 있습니다. 이 책 역시 그 일환이 되어 많은 분께 도움이 되기를 바랍니다.

2016년 5월. 38주 만삭의 몸으로 출판사와 미팅을 하고 출간 계약을 마쳤습니다. 출산 후 갓난아기를 돌보며 원고를 쓰고 사진, 영상 촬영을 하는 것이 쉽지만은 않았어요. 몸도 예전만큼 움직여지지 않아 당황하기도 했고요. 하지만 늘 그래왔듯 제가 좋아하는 일이었기에 설레는 마음으로 끝까지 책을 완성할 수 있었습니다.

좋은 기회를 주신 비전 B&P 출판사, 첫 미팅부터 마지막 순간까지 꼼꼼하게 챙겨준 배윤주 에디터 님, 세련된 스타일링으로 케이크를 빛내준 장스타일 장연정 실장님, 최고의 사진을 남겨주신 치즈스튜디오 허광 실장님, 빠곡한 스케줄 속에도 오른팔처럼 애써주는 김민희 실장님, 궂은 일에도 웃으며 최선을 다하는 간여정, 노혜정 선생님, 책 출간을 응원해주신 전수정 대한플라워케이크협회 지부장님과 김다애 강사님을 비롯한 협회원분들, 전공에 자부심을 심어주신 경희대학교 은사님들과 석사동기회, 음식계, 알라모드, 배스킨라빈스 케이크 개발팀, KICA 이사님들, 08~10학번 제자들 모두 고맙습니다. 긍정의 마인드와 계획을 세우고 실천하는 법을 알려주신 아빠, 출산 후에도 제가 좋아하는 일을 계속 할 수 있도록 지원해주시는 아름다운 우리 엄마, 예쁘게 살아가는 자랑스러운 동생 부부, 늘 따뜻하게 품어주시는 시댁 식구들, 세상에서 제일 멋진 우리 신랑 허니베어 님, 그리고 나의 소중한 딸 하나. 온 마음 다해 사랑합니다. 마지막으로 하나님께 모든 영광을 돌립니다.

대한플라워케이크협회 대표 이효주

이 책을 보는 방법

레벨

케이크의 난이도를 표시했습니다.

시트

시트는 적혀 있는 것 외에도 〈class 1. 케이크의 기본〉을 참고해 다른 케이크로 대체해도 좋습니다.

색소

윌튼 색소를 기준으로 표시했습니다.

팁

사용한 팁의 번호를 표시했습니다.

일러두기

이 책의 케이크를 만드는 데 사용한 색소는 모두 윌튼Wilton 제품입니다. 하지만 반드시 윌튼 제품만을 사용해야 하는 것은 아니며 책에서 만든 색은 다른 브랜드의 색소로도 충분히 만들 수 있습니다.

– 윌튼 색소(12색)

레드-레드, 핑크, 레몬 옐로우, 버건디, 바이올렛, 로얄 블루, 스카이블루, 모스 그린, 캘리 그린, 브라운, 블랙, 화이트

로즈와 라이스플라워

블라섬 어레인지 케이크

#사랑스러운 #향기로운 #달콤한 #여성스러운

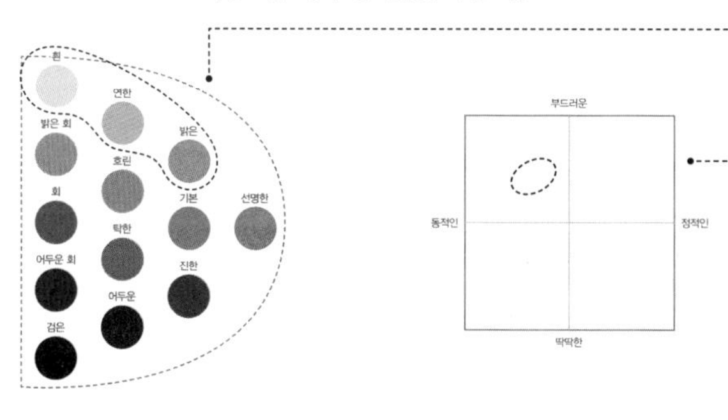

메인색상 | 빨간색(R)과 주황색(YR)
보조색상 | 연두색(GY)
톤 | 밝은 색조(light)–연한 색조(pale)–흰 색조(whitish)

Color Palette

코랄빛 꽃이 가득 찬 블라섬 어레인지 케이크. 메인색상인 빨강과 주황을 밝은 색조, 연한 색조, 흰 색조로 톤을 잡았다. 버터크림에 레드-레드와 골든옐로우 색소를 소량 섞어 조색하고 캘리그린 색소를 더하여 채도를 떨어뜨리면 차분한 느낌을 줄 수 있다. 이렇게 고명도, 저채도로 만든 따뜻한 색은 사랑스러운 느낌을 준다. 점차 더 연한 색의 크림을 조색해 부드러운 느낌을 더하면 젊은 여성들이 선호하는 배색의 케이크가 나온다.

색조표

도형의 오른쪽으로 갈수록 채도가 높아 색이 선명하고 왼쪽으로 갈수록 채도가 낮아 색이 흐려집니다. 위로 갈수록 명도가 높아 색이 밝아지고, 반대로 아래로 갈수록 명도가 낮아 색이 어두워집니다.

이미지 스케일

표의 오른쪽으로 갈수록 정적인 이미지를, 왼쪽으로 갈수록 동적인 이미지를 나타냅니다. 위로 갈수록 부드러운 이미지를 나타내고 반대로 아래로 갈수록 딱딱한 이미지를 나타냅니다.

메인색상, 보조색상, 톤

색의 명칭은 'KS 표준색'을 사용했습니다.

컬러 팔레트

케이크에 사용된 색을 추출하여 더 자세히 보여줍니다. 이와 유사하게 색을 만들어보세요.

색의 콘셉트와 조색 노하우를 설명합니다. 조색된 색이 가지는 느낌과 해당 케이크를 선호하는 대상층을 일러두었습니다.

Contents

인트로

CLASS 1

케이크의 기본

버터크림 케이크

앙금 케이크

CLASS 2
케이크의 완성

QR

QR

QR

인트로

Intro

• Flower Cake •

KOREAN
FLOWERCAKE

플라워케이크

나만의 감각을 쌓아가며 완성하는 케이크

플라워케이크는 맛있는 케이크와 아름다운 꽃이 결합된 형태의 디저트입니다. 국내 플라워케이크는 미국 윌튼 사Wilton의 케이크 디자인 수업에서 비롯되었어요. 다양한 수업 중 꽃을 짜서 올린 케이크만을 뽑아 만들어진 수업이 현재 국내 플라워케이크 시장의 시발점이 된 셈이에요.

일반적으로 플라워케이크라고하면 버터크림을 이용한 것을 떠올리기 쉬운데, 약 3~4년 전부터는 떡케이크를 베이스로 한 앙금 플라워케이크도 큰 인기를 얻고 있습니다. 최근에는 생화 케이크도 웨딩, 파티 등의 모임에서 각광받는 중이랍니다.

저는 2013년 즈음부터 버터, 앙금 플라워케이크를 수업해오고 있어요. 쉽고 자세히 가르쳐야 하는 입장에서 수강생이 가장 어려워 하는 것이 무엇인지 늘 고민합니다. 수강생과 플라워케이크를 만들다보면 "조색이 너무 어려워요.", "어떤 색이 어울릴지 잘 모르겠어요." 아니면 "색다른 작품을 만들어보고 싶어요."라는 이야기를 가장 많이 듣는데요. 꽃을 아무리 잘 만든다 해도 색이 감각적이지 않거나 케이크에 어레인지가 어설프면 작품의 완성도가 많이 떨어지는 게 사실입니다.

그래서 플라워케이크를 만드는 이에게 가장 필요한 것은 크림을 짜는 기술보다 케이크에 대한 전체적인 이해와 세련된 컬러 감각이 아닐까 싶습니다. 이 부분을 익히기 위해서는 여러 가지 노력이 필요한데, 예를 들면 유명 플로리스트의 작품을 참고해 케이크로 구성해보는 것, 팬톤Pantone에서 제안하는 시즌별 컬러를 디자인에 활용해보는 것 등이 좋은 시도가 될 수 있습니다.

아마 플라워케이크를 만들어보신 분들은 공감하실 거예요. 결국 완성도 높은 플라워케이크를 만들기 위해서는 나만의 감각을 쌓아가는 노력이 가장 많이 필요하다는 것을요. 만든 작품은 반드시 촬영하고 콘셉트 보드를 작성하는 등 포트폴리오를 만들어 보세요. 결과물이 차곡차곡 쌓여 언젠가 큰 도움이 될 거예요.

처음 하기엔 어려워 보이지만 예쁜 것을 좋아하는 사람, 또 특유의 섬세한 손재주와 세련된 색 감각을 지닌 우리나라 사람이라면 누구나 해볼 수 있어요.

01 기본 도구 & 도구 바르게 사용하는 법

도구

팁과 커플러

팁(모양깍지)은 원, 별, 꽃잎 등 다양한 모양과 사이즈가 있으며 각각 고유 번호가 정해져 있다. 플라워 파이핑에 대표적으로 사용되는 104번을 비롯해 필요한 팁을 구비하도록 한다. 커플러는 짤주머니와 팁을 연결하는 역할을 하고 팁을 쉽게 교체할 수 있도록 해준다. 플라워케이크 전용으로 사용할 때는 중간 사이즈를 선택한다.

짤주머니

짤주머니는 천, 실리콘, 비닐 등 다양한 재질로 판매되고 있으나 비닐 짤주머니를 사용하는 것이 위생적이다. 짤주머니를 자를 때는 팁이나 커플러가 빠지지 않게 넉넉히 여유를 두고 자르고 크림을 추가로 담을 때는 스크래퍼로 밀어서 깨끗하게 넣는다.

네일과 받침

네일(플라워 네일)은 짤주머니를 잡은 손의 반대편 손으로 잡는다(주로 왼손). 네일 위에 꽃을 짜므로 가급적 수평을 유지하며 잡는다. 목재로 된 받침은 꼭 필요한 것은 아니지만 준비할 경우 네일을 고정할 수 있어 작업이 한결 편해진다.

꽃가위와 팔레트

꽃가위는 파이핑한 꽃을 팔레트로 옮기거나 케이크에 어레인지할 때 사용한다. 플라스틱 소재라 부러지기 쉬우므로 꽃을 들거나 내려놓을 때 과하게 힘을 주지 않도록 주의한다. 파이핑한 꽃을 놓는 팔레트로 재단한 아크릴판 혹은 얇은 플라스틱 도마를 주로 쓰지만 별도로 구입하지 않은 경우에는 시중 케이크판을 대신 사용해도 괜찮다.

조색볼과 고무주걱

다양한 색의 버터크림이나 앙금을 만들기 때문에 작은 사이즈의 조색볼을 최대한 많이 가지고 있는 편이 좋다. 손잡이가 달린 볼은 손의 열기가 바로 닿는 것을 막아 크림이나 앙금의 변화를 줄여준다. 뚜껑이 있는 볼은 앙금이 마르는 것을 지연시킨다는 장점이 있다. 크림이나 앙금을 섞을 때 쓰는 고무주걱은 가장 작은 사이즈를 선택하고 고무주걱 대신 실리콘주걱을 사용해도 된다.

돌림판

케이크 아이싱을 위해 쓰는 돌림판은 스테인리스(뒤)로 된 것과 플라스틱(앞)으로 된 것 두 종류가 있다. 스테인리스로 된 것이 더 잘 돌아가지만 플라스틱 돌림판으로도 충분히 매끈한 아이싱을 할 수 있다. 시트를 케이크판에 놓고 돌림판 위에서 아이싱을 할 경우 판이 미끄러질 수 있기 때문에 이 경우에는 주로 미끄럼 방지 매트를 깔고 사용하는 것이 좋다.

스패출러

스패출러는 크림을 시트 사이에 바르거나 아이싱을 할 때 사용하는 도구이다. 크림의 성상에 따라 사이즈를 골라 사용하는데 버터크림이나 앙금은 끈적대고 단단한 편이기 때문에 4~5인치의 L자형 스패출러를 사용하는 것이 좋다. 생크림은 상대적으로 가볍고 부드러우므로 9~12인치의 I자형 스패출러를 사용하는 것이 일반적이다.

삼각콘과 스크래퍼

삼각콘과 스크래퍼는 아이싱을 보다 편하게 작업할 수 있도록 도와주고 크림 표면에 여러 무늬를 낼 때 사용한다. 단면에 있는 홈의 모양이나 간격에 따라 다양한 표현이 가능하다. 무늬를 낼 때는 도구를 손으로 가볍게 쥐고 사용하는 것이 바람직하다.

*생화를 다듬는 데 사용하는 가시 제거기는 있으면 편하지만 꼭 구입하지 않아도 좋아요.
*주로 사이즈가 작은 것이 대부분이기 때문에 잃어버리거나 다른 도구와 섞이기 쉬우니 별도로 보관 용기를 마련하는 것을 추천해요.

도구 바르게 사용하는 법

• 스패출러 잡는 법

스패출러는 날에 검지를 얹고 손잡이를 감싸 쥔 나음 사용한다. L자형 스패출러는 손잡이가 위로 올라온 쪽이 앞이다. 스패출러에 묻은 크림은 항상 닦아가며 깨끗하게 사용한다.

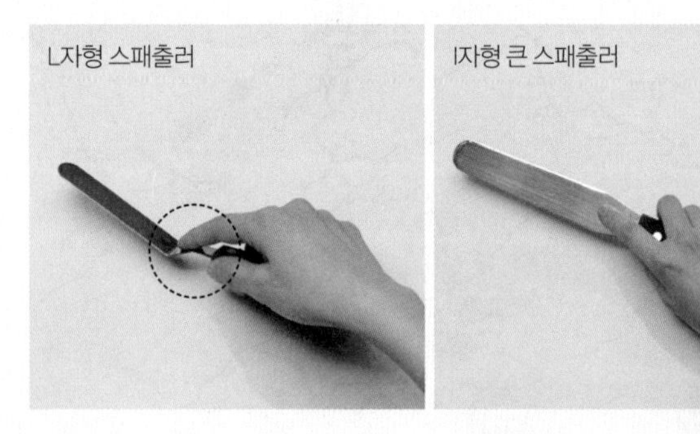

• 짤주머니에 크림 담는 법

1. 비닐로 된 짤주머니를 준비하고 앞쪽에 커플러를 넣은 다음 길이에 맞게 자른다. 딱 맞춰 자르면 커플러가 빠질 수 있기 때문에 넉넉히 여유를 두고 자른다.

2. 커플러에 팁을 돌려 끼운다.

3. 짤주머니 뒷부분을 벌리고 7~8cm 정도 뒤집는다. 엄지와 검지를 C자로 만든 다음 짤주머니를 걸쳐준다.

4. 고무주걱으로 준비한 크림이나 앙금을 담는다.

5. 담긴 크림은 스크래퍼로 입구 끝까지 밀어 깔끔하게 정리한다. 손으로 크림을 쓸어 내리면 버터크림의 경우 체온의 영향을 받아 녹을 수 있으니 주의한다.

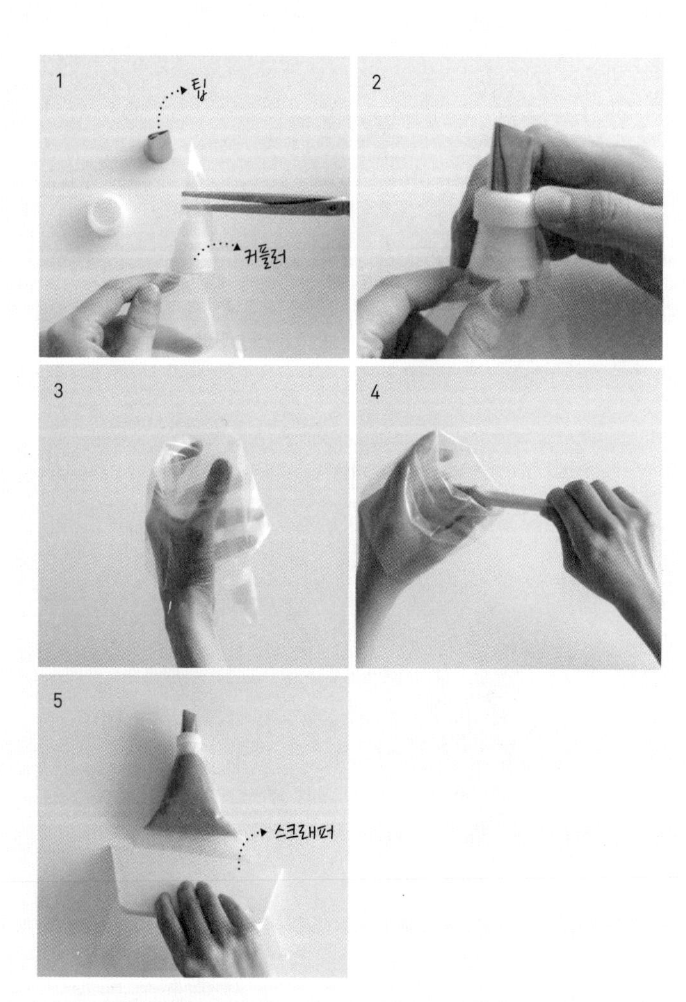

• 짤주머니 잡는 법

짤주머니는 뒷부분을 두세 바퀴 정도 돌려 엄지에 감고 손가락과 손바닥으로 전체를 편히 감싸 쥔다.

TIP 자세를 주의하세요!

짤주머니에 크림을 가득 채우지 않아 헐거운 상태. 힘이 제대로 전달되지 않는다.

짤주머니 뒷부분 정리를 하지 않은 상태. 파이핑 시 크림이 뒤로 새어 나올 수 있다.

짤주머니 뒷부분을 엄지가 아닌 검지에 감은 상태. 파이핑 시 손 전체의 힘이 고르게 전달되지 않을 수 있다.

• 파이핑하는 법

먼저 허리를 바르게 세우고 편하게 앉는다. 짤주머니를 잡은 손목(오른손)이 꺾이지 않고 팔과 일자를 유지하도록 하며 네일(왼손)은 가볍게 쥐고 앞이나 뒤로 기울지 않은 상태로 수평을 유지한다.

오른손

왼손

TIP 자세를 주의하세요!

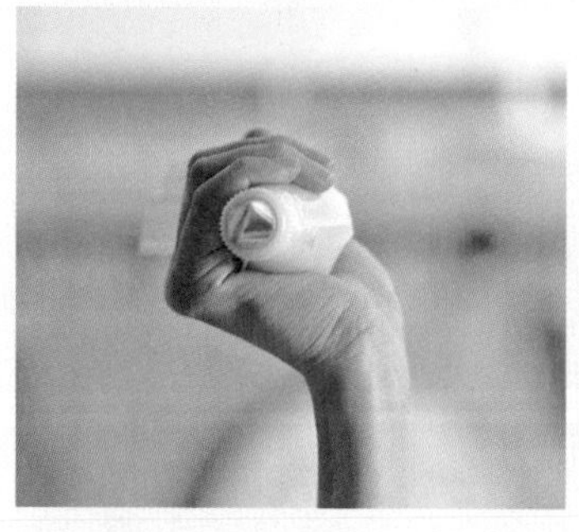
팔목을 꺾고 파이핑하는 습관을 들이면 손목에 통증이 오게 된다.

네일을 기울인 상태로 파이핑하게 되면 꽃이 제대로 나오지 않는다.

02 파이핑 이해하기

크림이나 반죽을 특정한 모양으로 짜는 것을 파이핑piping이라고 부른다. 플라워케이크에서 파이핑은 주로 앙금 혹은 버터크림으로 꽃을 만드는 과정을 의미한다. 주로 왼손으로 네일을 잡고 오른손으로 파이핑을 한다. 왼손잡이도 있겠지만, 이 책에서는 오른손잡이를 기준으로 파이핑을 설명한다. 앞으로 파이핑을 할 때 알아야 할 팁, 짤주머니 등을 다루는 방법을 안내한다.

• 손 움직이기

① 팁의 방향(오른손)

오른손을 기울여 팁으로 방향(각도)을 조절한다. 눈앞에 시계가 있다고 상상하며 팁의 뾰족한 끝부분을 시침으로 생각한다.

② 짤주머니의 방향(오른손)

짤주머니를 잡는 방법으로도 방향 조절이 가능하다. 사진을 참고해 파이핑을 할 때 알맞은 방법으로 짤주머니를 잡고 작업한다.

1. 짤주머니 기본자세
팁이 정면을 향하도록 잡는 방법.

2. 짤주머니 수직(90°)
팁이 바닥으로 향하도록 잡는 방법.

3. 짤주머니 45°
팁이 네일의 왼쪽을 향하며 비스듬하게 잡는 방법.

4. 짤주머니 수평(0°)
팁이 네일 왼쪽을 향하도록 잡는 방법.

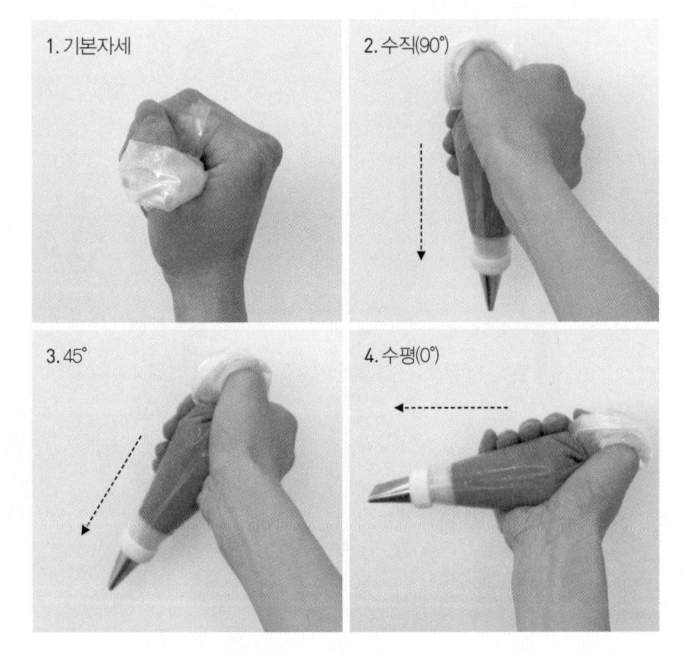

③ 짤주머니 움직이기(오른손)

짤주머니를 잡은 오른손 자체를 움직여 꽃잎의 형태를 만든다. 부드러운 포물선을 그릴 수도 있고, 손을 자연스럽게 좌우로 흔들어 꽃에 주름을 더할 수도 있다. 혹은 위로 움직이며 힘을 점점 빼 뾰족한 모양을 만들기도 한다.

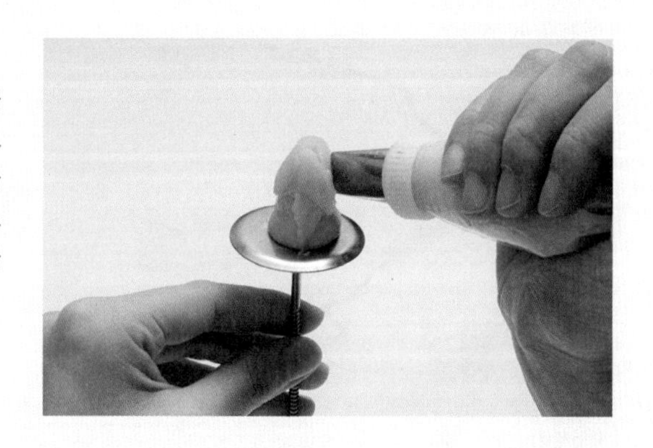

④ 네일 회전/고정(왼손)

짤주머니(팁)가 네일 위에서 이동하는 거리에 따라 꽃잎의 길이가 달라진다. 네일은 꽃에 따라 시계 반대 방향으로 회전하는 경우, 그대로 잡고 있는 경우가 있다. 책에서는 네일 위에서 짤주머니가 이동하는 거리도 시계로 설명해 1시~5시, 3시~7시 방향 등으로 표시하였다.

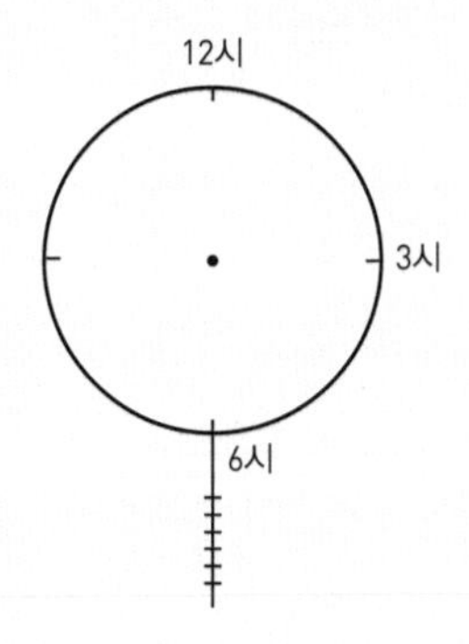

• 파이핑의 3요소

작은 점, 선 등 간단한 패턴부터 꽃, 나아가 동물까지 파이핑으로 표현할 수 있다. 파이핑은 힘, 방향(각도), 속도, 이 세 가지 요소의 영향을 받는데 모든 요소가 한데 어우러져 작용한다. 이 특징을 충분히 이해하면 배우지 않은 꽃도 만들 수 있다.

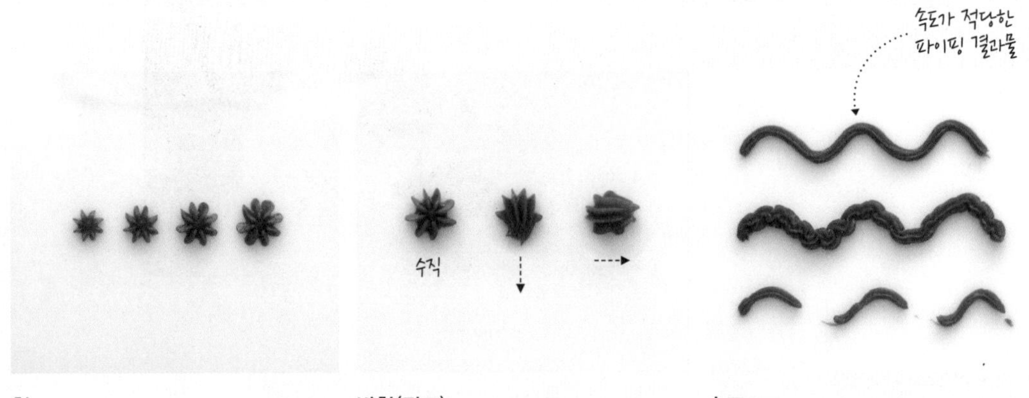

힘

힘을 얼마나 주느냐에 따라 결과물 크기가 달라진다. 같은 크기의 팁을 이용해도 힘에 따라 다양한 크기로 짤 수 있다.

방향(각도)

방향을 달리하면 다른 모양의 결과물이 나온다. 짤주머니의 방향을 달리해 수직(90°), 수평(0°) 자세 등으로 짤 수 있다.

속도

똑같은 힘과 방향으로 파이핑을 해도 속도를 달리하면 결과물이 확연히 달라진다. 선을 그을 때 짜는 힘보다 속도가 더 빠르면 크림이 이어지지 못하고 끊어지며 힘보다 속도가 느리면 크림이 과하게 나와서 쌓이게 된다.

03 색소와 조색 이해하기

색소는 만드는 방법에 따라 동식물에서 추출한 천연색소와 이를 합성한 합성색소로 나눌 수 있다. 성상에 따라 유성(오일) 베이스, 수성(액체) 베이스, 가루, 페이스트로 구분한다. 합성색소에 대한 부정적인 인식 때문에 천연색소에 대한 선호도가 높아지고 있으나 그렇다고 모든 천연색소가 안전하다거나, 합성색소라고 해서 무조건 나쁜 것은 아니다. 각 색소의 특성을 잘 파악해 적정양을 목적에 맞게 사용하는 것이 가장 중요하다.

• 천연색소와 합성색소의 비교

천연색소	합성색소
채도가 낮은 편이며, 특정 색은 구현이 되지 않기도 한다.	채도가 높아서 원색이나 비비드한 계열의 색을 표현하기 좋다.
색을 내기 위해 비교적 많은 양을 사용해야 할 때가 있다.	적은 양으로도 색을 내기가 쉬운 편이다.
시간의 흐름에 따라 색이 바래는 경우가 있다.	시간의 흐름에 따라 색의 변화가 적은 편이다.
내열성이 없는 일부 색은 열에 약하기 때문에 오븐에서 굽는 동안 색이 변하기도 한다.	기본적으로 내열성이 있어 오븐에 구워도 색이 잘 유지되는 편이다.

서로 다른 보라색을 보여주는 천연색소(좌)와 윌튼의 합성색소(우).

• 버터크림과 앙금으로 적합한 색소 알아보기

대표적인 윌튼 색소를 비롯하여 일반적으로 시장에서 판매하는 색소를 구입해 사용하면 된다.

<u>버터크림</u> → 가루 색소만 아니면 다 좋아요!

수분과 유분을 모두 함유하고 있어 페이스트, 유성, 수성, 가루 등 어떤 것을 사용해도 무방하나 가루 색소는 잘 섞이지 않고 점처럼 보일 수 있으니 주의한다.

빨간색 천연 가루 색소

빨간색 수성 색소

빨간색 유성 색소

빨간색 페이스트 색소

<u>앙금</u>

버터크림이나 생크림에 비해 색소로 의한 변화가 적은 편이다. 단 앙금은 수성 색소를 과하게 넣을 경우 질어지고 반대로 가루 색소를 많이 넣으면 과하게 되직해질 수 있다. 색소 외에는 호박, 완두, 팥 등이 들어간 시판 앙금을 활용할 수도 있다.

파란새 가루 색소

파란색 수성 색소

파란색 페이스트 색소

• 색을 섞는 방법

– 1차색

세 개의 1차색으로 모든 색을 만들 수 있다.

– 2차색

동일한 양의 1차색을 두 개씩 섞으면 2차색을 만들 수 있다.

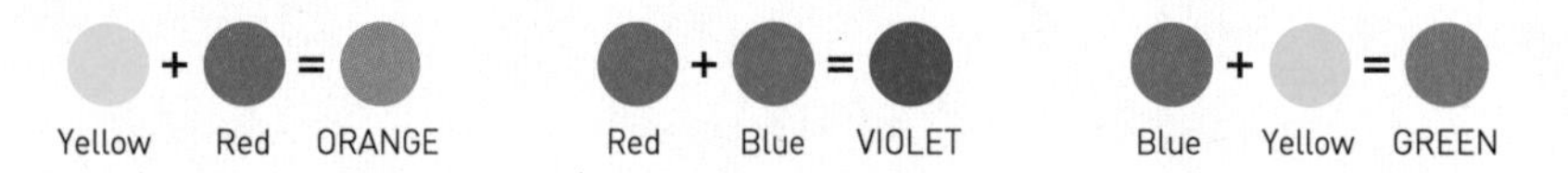

– 3차색

동일한 양의 1차색과 2차색을 하나씩 섞으면 3차색을 만들 수 있다. 1차색이나 2차색만을 사용한 것보다 더욱 세련된 느낌을 줄 수 있다.

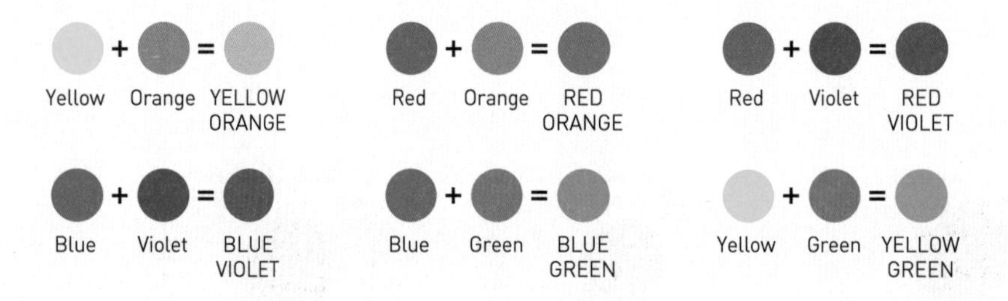

– 보색

색의 스펙트럼에서 정반대에 있는 색이다. 보색끼리 섞으면 서로 중화되어 색이 갈색화된다.

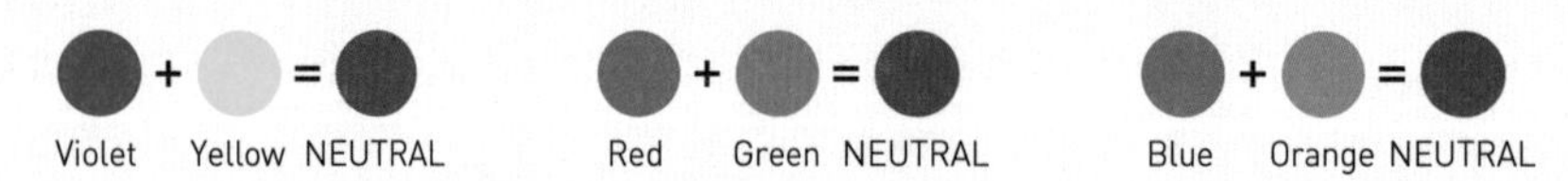

• 기본 조색 방법

버터크림과 페이스트 색소

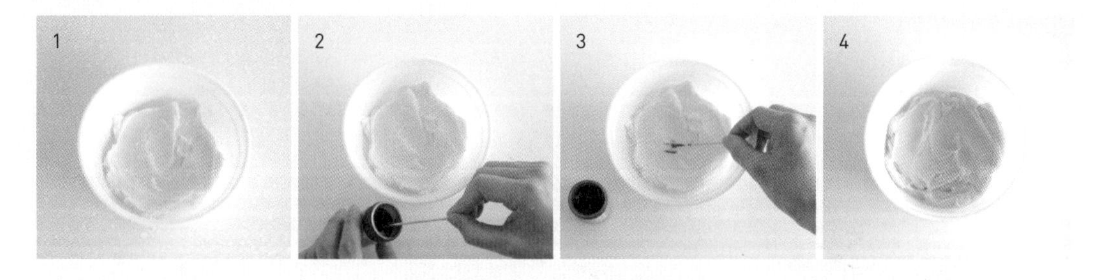

앙금과 가루 색소

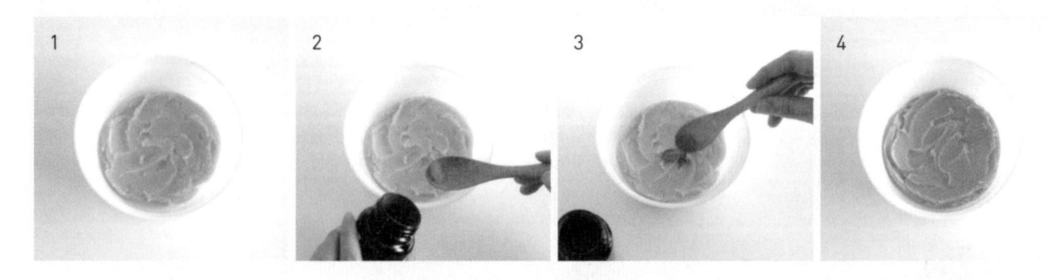

1. 볼에 버터크림/앙금을 준비한다.

2. 페이스트 색소는 이쑤시개를, 가루 색소는 스푼을 준비한다.

3. 이쑤시개로 페이스트 색소를 소량 찍고, 스푼에 가루 색소를 적당히 담아 버터크림/앙금에 더한다.

4. 고무주걱으로 고르게 섞어 사용한다.

• 조색 응용 방법

이어 짜기 – 자연스러운 그러데이션 기법 1

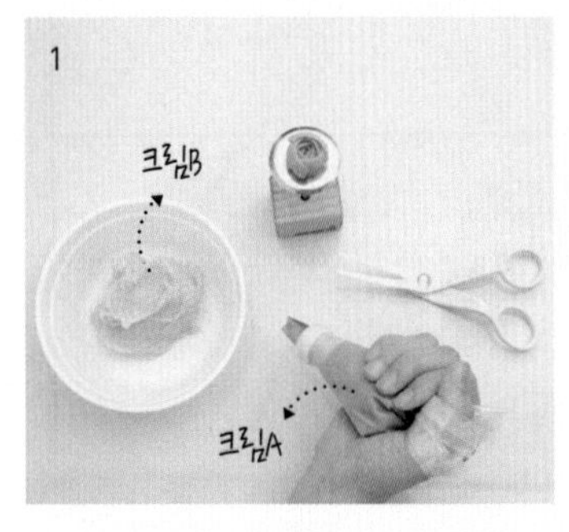

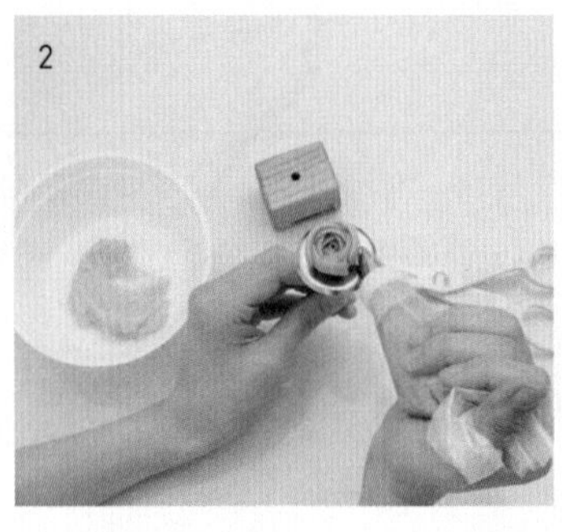

라넌큘러스

1. 짤주머니에 크림A를 넣고 파이핑한다.
2. 짤주머니에 남아 있는 크림A를 빼고 크림B를 넣어 이어서 파이핑한다.
3. 라넌큘러스, 국화, 줄리엣 로즈 등에 응용해 사용한다.

묻혀 짜기 – 자연스러운 그러데이션 기법 2

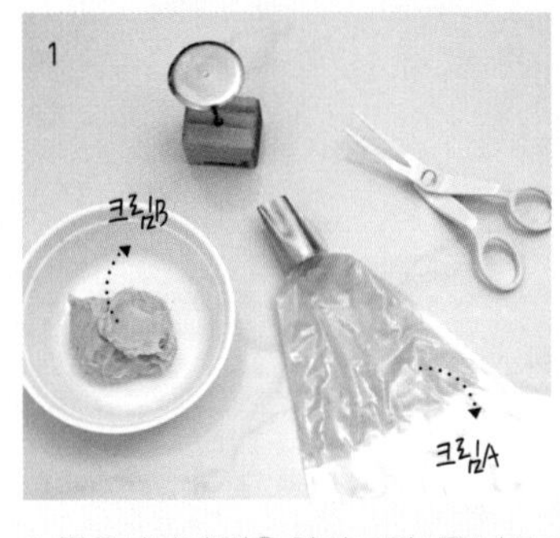

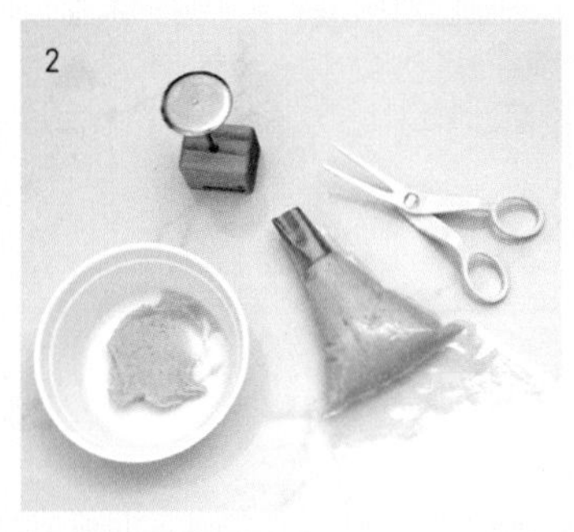

오션솜 로즈

1. 짤주머니에 적은 양의 크림A를 넣고 표면에 가볍게 묻힌다.
2. 크림B를 짤주머니 안에 마저 채워 넣고 파이핑한다.
3. 로즈, 작약, 카네이션, 다육이 등에 응용해 사용한다.

크림 교차해 넣고 짜기

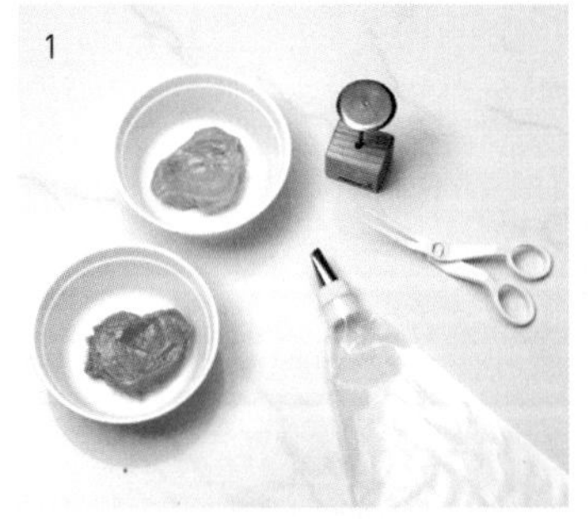

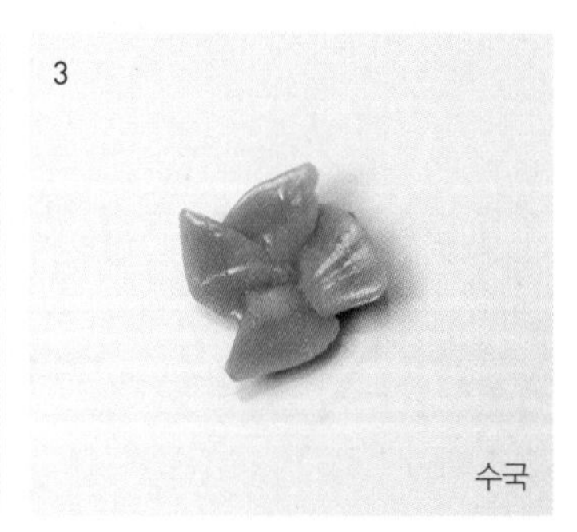

수국

1. 크림A와 B를 준비한다.
2. 짤주머니에 크림A와 B를 교차해가며 넣고 파이핑한다.
3. 수국, 잎 등에 응용해 사용한다.

크림 경계 만들어 짜기

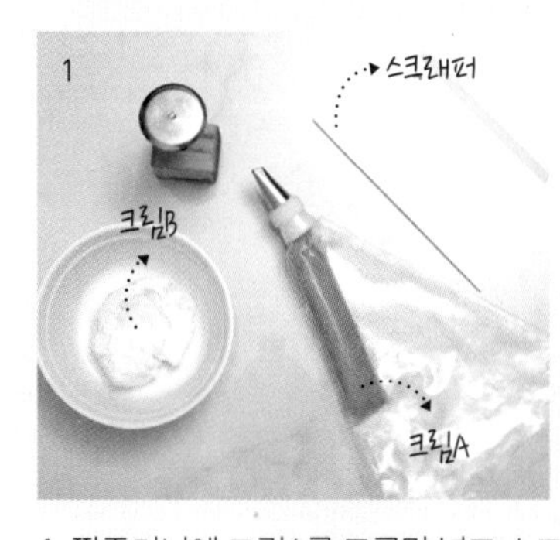

애플블로섬

1. 짤주머니에 크림A를 조금만 넣고 스크래퍼를 이용해 한쪽으로 민다.
2. 남은 공간에 크림B를 가득 담고 파이핑한다.
3. 애플블로섬, 스톡 등에 응용해 사용한다.

04 버터크림과 앙금의 차이 알기

버터크림 플라워케이크와 앙금 플라워케이크, 두 가지 중 어떤 수업을 들어야 할까? 초보자는 둘의 공통점과 차이점을 잘 모르기 때문에 수업에 앞서 고민하게 된다. 두 플라워케이크 모두 먹을 수 있는 소재로 꽃을 만들어서 케이크 위에 올린다는 공통점을 갖고 있다. 버터크림 플라워와 앙금 플라워의 차이를 제대로 알아보자.

• 한눈으로 읽는 버터크림, 앙금 플라워케이크의 차이

구분	버터크림 플라워케이크	앙금 플라워케이크
베이스	케이크 시트	설기 떡케이크
온도	체온에 의해 쉽게 녹는다. (작업하는 곳의 온도가 중요)	체온의 영향을 버터크림에 비해 덜 받는다.
힘	기본적으로 부드러워 파이핑 시 손에 힘을 적게 주어도 된다.	단단한 편으로 파이핑 시 손에 힘을 많이 주어야 된다.
소재	버터크림은 시중에 판매되지 않는다.	앙금은 시중에 판매된다.
케이크 아이싱	대부분 아이싱을 한다.	대부분 아이싱을 하지 않는다. 간혹 앙금크림으로 아이싱을 하기도 한다.

– 케이크 아이싱, 조색, 꽃 파이핑 방법은 둘 다 같다.

소재의 차이

버터크림은 흰자와 설탕, 버터로 크림을 만든 다음 조색하고 파이핑한다. 반면 앙금은 파이핑을 할 수 있는 원재료 자체가 시중에 판매되고 있다. 우리나라는 대두식품에서 만든 앙금을 주로 사용하는데 춘설앙금과 백옥앙금 같은 다양한 상품 중 본인에게 맞는 것을 선택하면 된다. 즉 앙금은 따로 크림을 만들 필요 없이 구입 후 바로 사용할 수 있어 버터크림에 비해 접근성이 더 좋다.

아이싱의 차이

버터크림 플라워케이크는 케이크 시트를 쓰므로 아이싱 과정을 거쳐야 하는데 초보자의 경우 아이싱에 능숙해지기까지 많은 연습이 필요하다. 하지만 앙금 플라워케이크는 떡을 찌고 바로 위에 플라워를 올릴 수 있어 아이싱을 못하더라도 작품을 보다 쉽게 만들 수 있다. 요즘에는 떡에도 앙금크림으로 아이싱을 하기도 하지만 기본적으로 앙금 플라워케이크에는 아이싱을 하지 않아도 되므로 이는 초보자에게 정말 큰 매력이 아닐 수 없다.

05 케이크 색감과 디자인 알기

케이크를 만들 때도 디자인에 대한 고민이 필요하다. 디자인을 미리 계획하고 만든 케이크와 즉흥적으로 만든 케이크는 결과가 많이 다를 수밖에 없기 때문이다. 케이크 디자인을 계획할 때는 목적, 콘셉트와 타깃, 이 세 가지 요소를 반드시 고려하는 것이 좋다. 예를 들어 보라색을 메인색상으로 선택할지라도 케이크를 받는 사람의 나이나 상황에 따라 어울리는 색조(톤)가 다르기 때문이다. 이를 위해서는 색채에서 연상되는 느낌이나 연령별로 선호하는 색채를 알아야 한다.

• 색의 변화

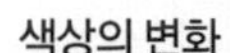

• 색상환

색상은 색 자체가 갖는 고유한 특성으로 톤에 의해 변화되지 않는다. 때문에 명도나 채도가 달라지더라도 동일한 색상이라는 것을 기억해야 한다.

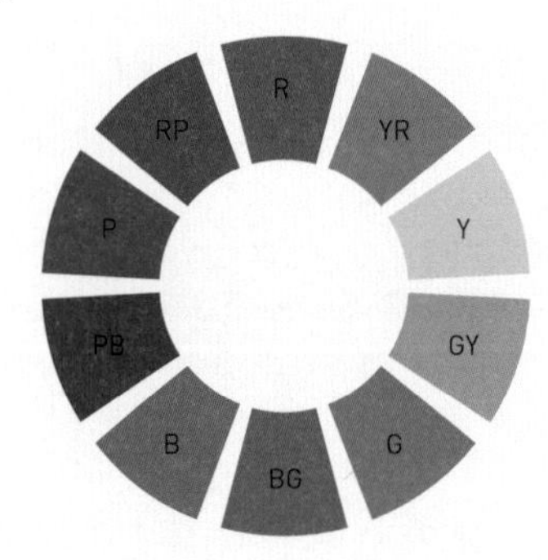

• 색조표

색조는 명도와 채도를 합친 개념으로 밝고 어두움, 색상이 포함된 정도를 표현하는 방법이다. 색의 심리적인 부분을 형성하는 데는 색조의 역할이 크기 때문에 아래의 표를 알아두면 플라워케이크를 만들 때도 많은 도움이 된다.

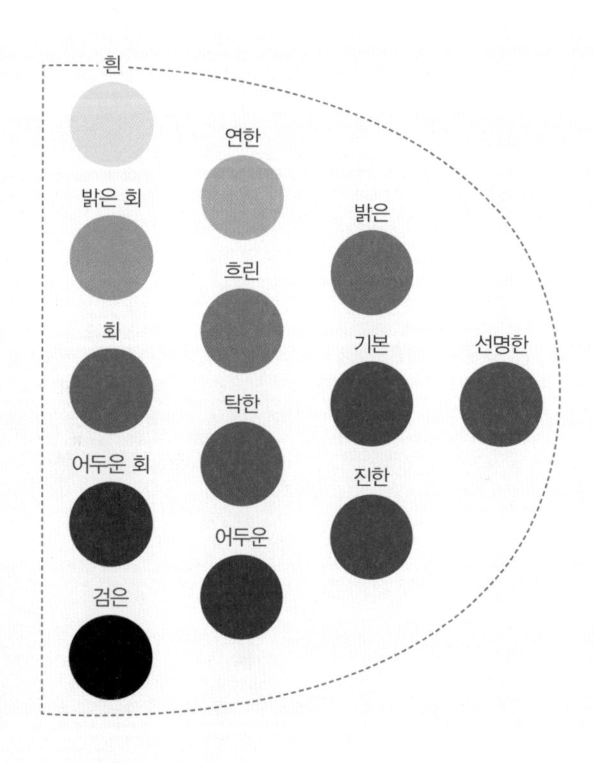

• 케이크 디자인 시 고려해야 할 것들

색채 계획

1. **주조색** – 가장 넓은 면을 차지하며 전체적인 색채 효과를 좌우하는 색
   – 주조색 선정 시 타깃, 목적 등을 고려
2. **보조색** – 주조색을 보완하는 색
   – 전체 면적의 20~25% 차지
3. **강조색** – 강조나 변화를 주기 위해 사용하는 색
   – 전체 배색에 활력을 넣어주는 포인트
   – 전체 면적의 5~10% 차지

연령별 선호 색채

– **신생아, 영아** : 밝은 색 계열
– **유아** : 밝고 화려한 색, 원색, 난색 계열
– **성장기 여아** : 난색 계열, 분홍색
  성장기 남아 : 한색 계열, 파란색
– **성인** : 차분한 색, 채도가 낮은 색
  청년 : 자유분방한 색, 다양한 색 선호
  중년 : 차분한 색, 자연스럽고 부드러운 색

배색의 형용사 이미지

– **귀여운** : 천진난만한 밝은 느낌과 사랑스러움. 고명도, 고채도, 난색 계열.
– **맑은** : 깨끗하고 투명하며 가벼운 느낌. 고명도, 저채도, 화이트.
– **온화한** : 따뜻하면서도 밝고 가벼운 느낌. 고명도, 그레이시톤.
– **내추럴한** : 꾸밈없고 편안한 자연스러운 느낌. 저채도, 중명도, 그레이시톤.
– **경쾌한** : 동적이면서 생동감 있는 느낌. 고채도, 고명도, 비비드톤.
– **화려한** : 강하면서도 여성스러운, 매혹적인 느낌. 고채도, 대조 색상으로 배색. 빨강과 자주를 주로 사용.
– **우아한** : 여성스러우면서도 럭셔리한 느낌. 중채도, 중명도. 보라를 주로 사용.
– **은은한** : 온화한 것보다 더 정적인 느낌. 그레이시톤을 주로 하여 중명도, 저채도.
– **다이내믹한** : 강렬한 힘이 연상되고 움직임이 강한 느낌. 비비드톤과 어두운 톤의 강한 색조 대비.
– **모던한** : 도회적인, 현대적인 느낌. 검정을 주로 사용하여 무채색과 명도차를 크게 함.
– **점잖은** : 무겁고 클래식하며 격식 있는 느낌. 저명도, 저채도를 이용한 딱딱한 이미지 배색.
– **고상한** : 품격이 느껴지며 중후한 느낌. 중명도, 중채도 사용.

선생님이 알려주는 파이핑 팁

플라워 파이핑은 무엇보다 꾸준한 연습이 필요하다. 꽃을 처음 만들 때는 마음이 조급해 무턱대고 크림부터 짜는 경우가 많은데, 보다 완성도 높은 꽃을 만들기 위해 알아야 할 자세와 노하우를 알아보자.

꽃을 만들기 전 자세 확인

Step 1

자세 체크 ···› 네일(왼손), 짤주머니(오른손)를 바르게 잡고 있는지 확인.

Step 2

짤주머니 각도 체크 → 짤주머니 기본자세, 수직, 90도로 잡기 등 꽃마다 안내된 대로 올바르게 짤주머니를 잡았는지 확인.

Step 3

크림을 짜는 손의 힘 & 네일을 돌리는 속도 적정히 조절.

짤주머니로 포물선을 그려요 – 기본 꽃 파이핑

짤주머니로 포물선을 그리며 잎을 만드는 꽃인 로즈. 이 방법만 알면 다양한 꽃을 만들 수 있다.

Point 기본 베이스 만들기 ⋯➝ 꽃에 어울리는 포물선 그려 잎 더하기

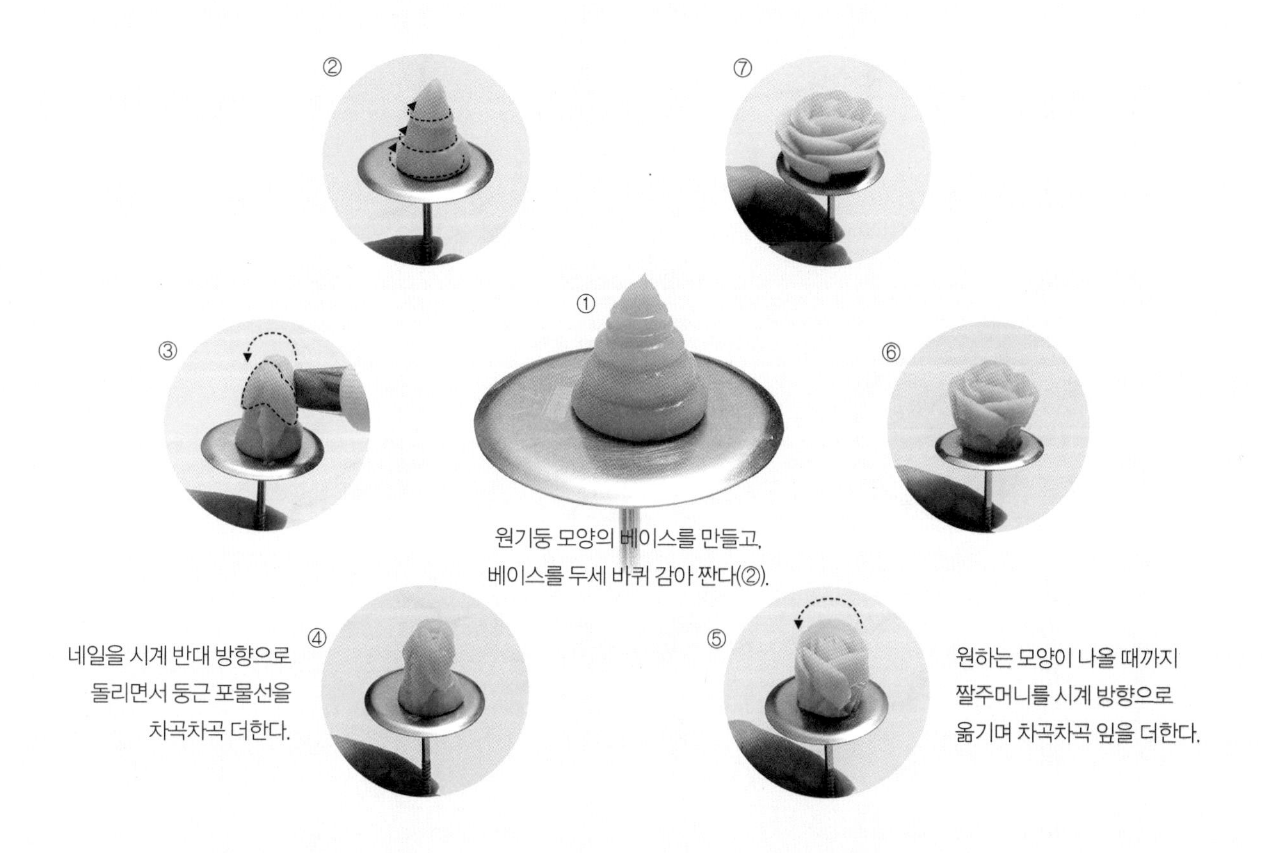

원기둥 모양의 베이스를 만들고, 베이스를 두세 바퀴 감아 짠다(②).

네일을 시계 반대 방향으로 돌리면서 둥근 포물선을 차곡차곡 더한다.

원하는 모양이 나올 때까지 짤주머니를 시계 방향으로 옮기며 차곡차곡 잎을 더한다.

유사한 방법의 꽃으로 빅토리안 로즈, 오션송 로즈, 라넌큘러스, 작약, 리시안서스, 동백, 카네이션, 프리지어(프리지어는 화형 특성상 포물선을 더 짧게 그린다)가 있어요. 화형이 작은 꽃은 베이스도 작게, 잎의 폭도 줄여 만들어요!

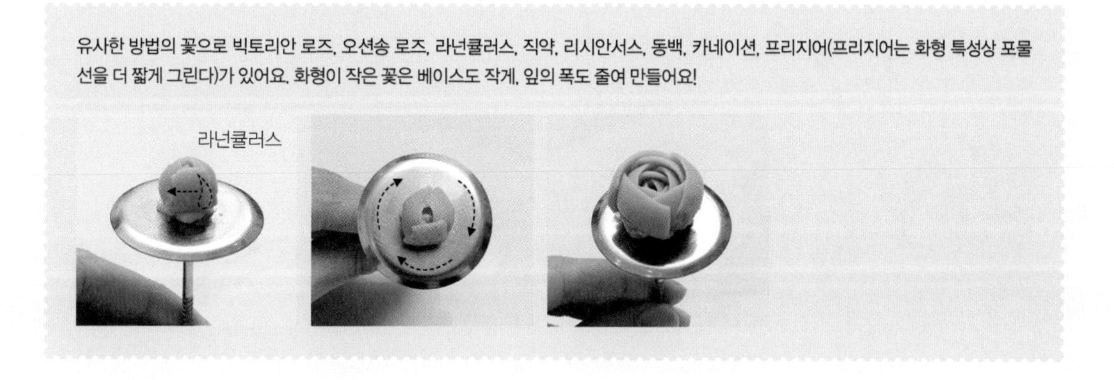

짤주머니로 제자리에서 포물선을 그려요 – 납작한 꽃 파이핑

네일 받침 위에 바로 납작한 꽃을 만드는 기법. 금방 손쉽게 만들 수 있는 것이 장점으로 큰 형태의 잎도 만들 수 있다.

Point 네일 위에 유산지 깔기 → 제자리에서 포물선 그려 잎 더하기

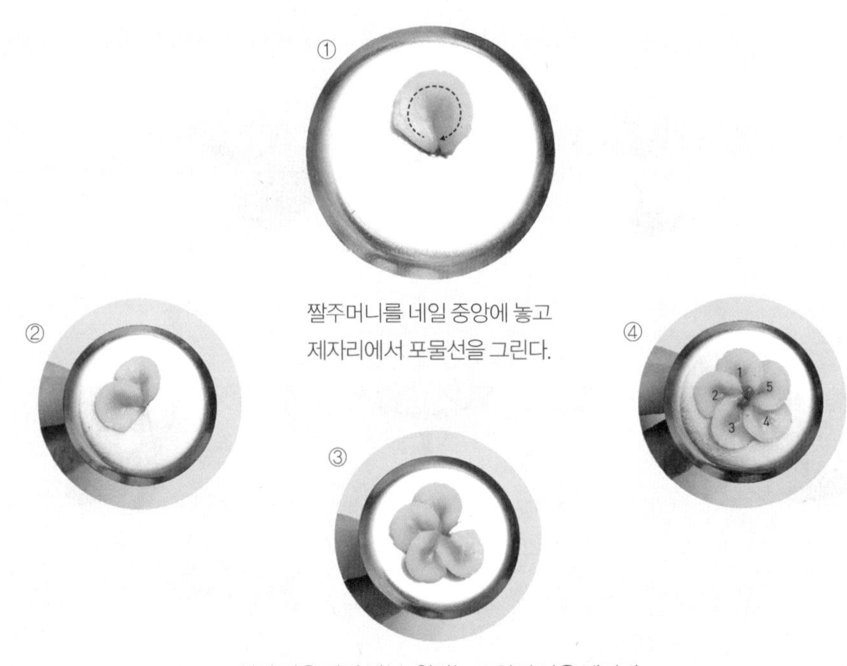

짤주머니를 네일 중앙에 놓고
제자리에서 포물선을 그린다.

앞과 같은 방법 반복, 원하는 모양이 나올 때까지
네일을 돌려가며 차곡차곡 잎을 더한다.

유사한 방법의 꽃으로 애플블라섬, 아네모네, 더스티밀러, 스카비오사, 핀 왁스 플라워, 스톡 등이 있어요!

로즈
스톡
아네모네
작약
줄리엣 로즈
수국
선인장

애플블라섬
라넌큘러스
국화
카네이션
더스티밀러
솔방울

CLASS

1

케이크의 기본

• Flower Cake •

- 버터크림 케이크
- 앙금 케이크
- 생화 케이크

버터크림 케이크

Buttercream Cake

케이크 시트 만들기

버터크림처럼 묵직한 크림에는 시폰과 같이 가벼운 거품형 케이크보다 무게감이 있고 풍미가 깊은 반죽형 케이크가 더 잘 어울린다. 반죽형 케이크는 만드는 과정이 비교적 쉬워 초보자가 만들기에 더없이 좋다. 버터크림과 맛 궁합이 뛰어난 당근 케이크를 중심으로 버터크림 플라워와 잘 어울리는 세 가지 시트 만드는 법을 소개한다.

1. 당근 케이크

만드는 시간 약 60분 | 1호 사이즈 1개 분량 기준

Ingredients 달걀 100g(또는 노른자 110g), 설탕 160g, 소금 약간, 카놀라유 160g, 박력분 200g, 베이킹파우더 6g, 당근 200g, 피칸 80g

Tools 원형 볼, 원형 1호 틀, 유산지, 거품기, 고무주걱, 체

Preparation

- 오븐은 175℃로 예열한다.
- 1호 틀에 유산지를 깐다.
- 당근은 푸드프로세서로 굵게 갈거나 다진다.
- 피칸은 칼로 굵게 다진다.
- 박력분과 베이킹파우더는 체에 내린다.

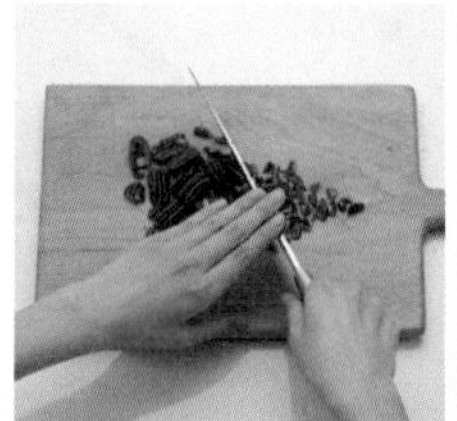

Direction

1. 볼에 달걀을 넣고 가볍게 푼 후 설탕과 소금을 넣어 거품기로 1~2분 정도 저어준다.
2. 1의 반죽에 카놀라유를 넣고 매끄럽게 휘핑한다.
3. 체에 내린 가루류를 넣고 고무주걱으로 가루가 보이지 않을 정도로 섞는다. 고무주걱으로 볼을 쓸어주는 느낌으로 반죽 가운데에서 밖으로 돌려가며 젓는다.
4. 반죽과 가루가 잘 섞인 모습.
5. 당근과 피칸을 넣고 고무주걱으로 가볍게 섞는다.
6. 1호 틀에 팬닝하여 175℃로 예열된 오븐에서 35분가량 굽는다.
7. 당근 케이크 시트 완성. 구워진 시트는 한 김 식힌 다음 밀봉해 보관한다.

달걀노른자를 사용하는 이유

플라워케이크용 버터크림은 달걀흰자만 사용하기 때문에 노른자가 항상 남아요. 그렇기 때문에 케이크를 구울 때 남은 노른자를 사용하면 재료의 낭비를 막을 수 있죠. 맛의 차이 또한 크지 않답니다. 노른자가 따로 없을 때는 그냥 달걀을 사용하세요.

Baking tip

- 카놀라유는 다른 식물성 유지로 대체할 수 있어요.
- 피칸은 호두 같은 다른 종류의 견과류로 대체 가능하나 산패되기 쉬운 땅콩이나 잣은 쓰지 않는 것이 좋아요.
- 견과류는 살짝 볶거나 오븐에 약한 온도로 구워 준비하면 케이크가 더욱 맛있어져요.
- 기호에 따라 건과일이나 시나몬 가루, 바닐라 엑스트랙 등을 첨가하세요.

2. 레드벨벳 케이크

만드는 시간 약 70분 | 1호 사이즈 1개 분량 기준

Ingredients　버터 60g, 소금 약간, 설탕 100g, 달걀 50g, 박력분 120g, 베이킹파우더 5g, 코코아파우더 15g, 레드색소 5g, 버터밀크 130g(혹은 우유 120g과 레몬즙 15g을 섞어 대체 사용 가능)

Tools　원형 볼, 원형 1호 틀, 유산지, 핸드믹서, 고무주걱, 체

Preparation

- 오븐은 175℃로 예열한다.
- 1호 틀에 유산지를 깐다.
- 버터와 달걀은 실온에 미리 꺼내둔다. 버터는 만졌을 때 말랑한 상태여야 한다.
- 버터밀크를 우유와 레몬즙으로 대체할 경우 둘을 미리 섞어둔다.
- 박력분과 베이킹파우더, 코코아파우더는 체에 내린다.

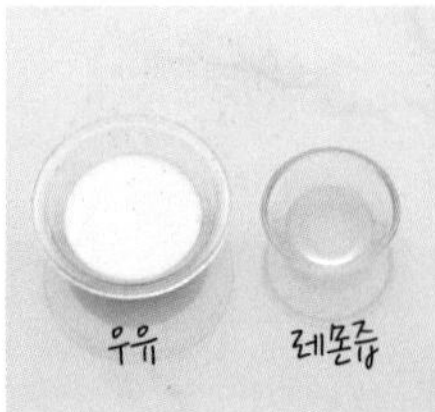

Direction

1. 볼에 말랑한 상태의 버터를 넣고 핸드믹서로 부드럽게 풀어준다.
2. 1의 반죽에 소금과 설탕을 2~3회 나누어 넣고 휘핑하여 크림화한다.
3. 찬 기운이 없는 달걀은 미리 풀어 따로 준비하고 2에 2~3회 정도 나누어 넣으면서 충분히 휘핑한다.
4. 체에 내린 가루류를 넣고 고무주걱으로 가루가 보이지 않을 정도로 가볍게 섞는다. 고무주걱으로 볼을 쓸어주는 느낌으로 반죽 가운데에서 밖으로 돌려가며 젓는다.
5. 버터밀크와 색소를 넣고 고무주걱으로 섞어 마무리한다.
6. 1호 틀에 팬닝하여 175℃로 예열된 오븐에서 30분가량 굽는다.
7. 구워진 시트는 한 김 식힌 다음 비닐에 넣어 밀봉해 보관한다.

크림법에 사용하는 달걀은 왜 찬 기운이 없어야 할까?

버터를 휘핑하면서 반죽에 다량의 공기를 포집하여 크림처럼 만드는 기법을 '크림법'이라고 합니다. 레드벨벳이 크림법을 이용한 반죽형 케이크인데요. 이처럼 반죽에 버터의 함량이 많을 경우 버터의 유지와 달걀 속 차가운 수분이 만나면 분리 현상이 일어나기 쉽습니다. 크림법 케이크를 만들 때는 달걀뿐 아니라 다른 재료도 차갑지 않은 상태로 준비하세요.

Baking tip

- 기호에 따라 바닐라 엑스트랙 등을 첨가하세요.
- 최근에는 레드색소 대신 블루색소를 이용해 블루벨벳 케이크로 응용하기도 합니다.
- 비트 등 천연재료에서 얻은 빨간색으로 반죽은 붉게 만들 수 있지만 내열성이 없어 오븐에서 굽는 동안 색이 사라집니다. 천연재료를 사용할 때는 열에 강한지 꼭 미리 확인하세요.

3. 초코 컵케이크

만드는 시간 약 50분 | 컵케이크 8개 분량 기준

Ingredients 다크커버춰 초콜릿 85g, 무염버터 160g, 설탕 150g, 소금 약간, 달걀 150g, 박력분 65g, 코코아파우더 15g, 베이킹파우더 4g

Tools 중탕 볼, 원형 볼, 컵케이크 틀, 컵케이크용 주름 유산지, 거품기, 고무주걱, 체, 짤주머니

Preparation

- 오븐은 170℃로 예열한다.
- 컵케이크 틀에 유산지를 깐다.
- 달걀은 실온에 미리 꺼내둔다.
- 박력분과 코코아파우더, 베이킹파우더는 체에 내린다.

Direction

1. 초콜릿과 버터는 중탕으로 함께 녹이며 물이 들어가지 않도록 주의한다. 전자레인지로 녹여도 좋으나 온도가 너무 높지 않도록 조절한다.
2. 1에 설탕과 소금을 넣고 거품기로 설탕 입자가 약간 작아질 때까지 젓는다.
3. 미리 푼 달걀을 넣고 거품기로 힘차게 섞는다. 중간 중간 고무주걱으로 볼 가장자리에 묻은 반죽을 쓸어 고르게 섞이도록 해준다.
4. 체에 내린 가루류를 넣고 고무주걱으로 섞는다.
5. 짤주머니에 완성된 반죽을 넣고 컵케이크 틀에 팬닝하여 170℃로 예열된 오븐에서 20분가량 굽는다.
6. 구워진 시트는 한 김 식힌 다음 비닐에 넣어 밀봉해 보관한다.

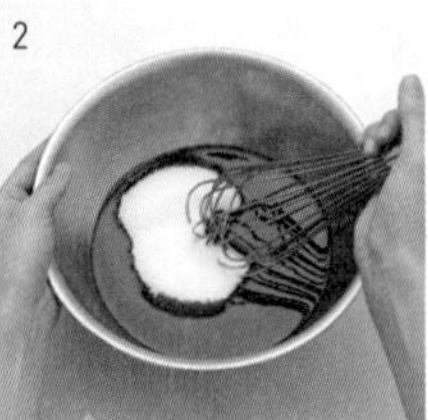

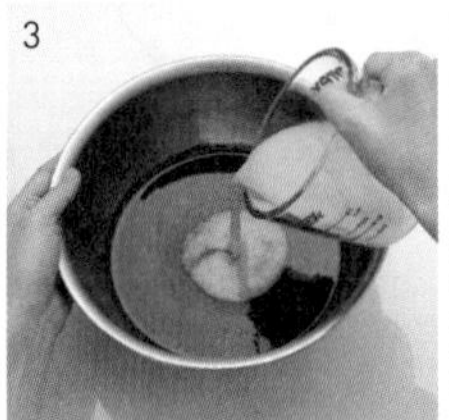

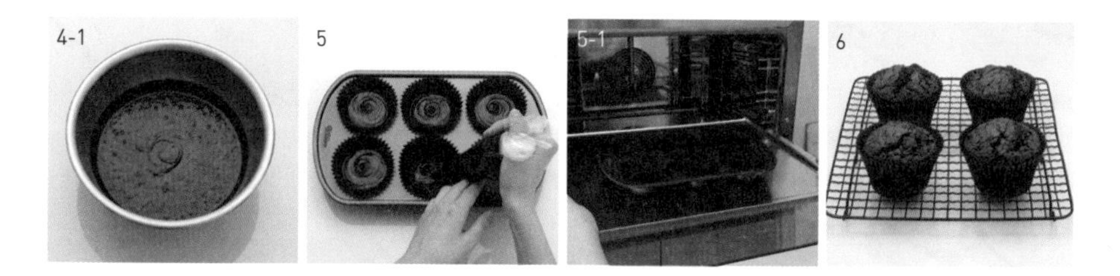

전자레인지로 가열할 때의 주의 사항

중탕 대신 전자레인지로 가열한다면 버터와 초콜릿을 손으로 만졌을 때 살짝 따뜻한 정도로만 녹여주세요. 둘 다 너무 뜨거운 상태면 달걀을 섞을 때 익거나 분리될 수 있어요. 버터는 한 번에 오래 가열하면 끓어 넘칠 수 있고 초콜릿 역시 열에 민감하니 5초 내지 10초씩 끊어가며 녹여요.

Baking tip

- 커버춰 초콜릿은 기호에 따라 두 가지 이상의 제품을 섞어 써도 좋아요.
- 견과류나 초콜릿 칩을 추가하면 맛이 더 풍부해져요. 단 추가 재료는 반죽 마지막 과정에 넣고 섞어주세요. 팬닝을 마치고 반죽 위에 재료를 뿌리면 꽃을 어레인지할 때 방해가 될 수 있어요.
- 반죽 재료 중 초콜릿과 버터의 양이 많은 편으로 작업 중 온도에 따라 완성된 반죽의 성상이 달라질 수 있어요. 더운 여름에는 살짝 묽게, 추운 겨울에는 다소 되직하게 느껴지겠지만 오븐에서 굽고 난 후의 식감은 모두 같아요.

버터크림 만들기

버터크림은 생크림보다 맛이 깊고 버터의 풍미를 진하게 느낄 수 있는 고급 크림이다. 재료 중 일부를 마가린으로 대체하면 원가는 절감할 수 있지만 입에서 녹는 감촉이 크게 떨어지므로 만들 때는 오직 버터만을 사용하는 것이 좋다. 이 책에서는 플라워케이크에서 주로 사용하는 세 가지 스타일의 버터크림 만들기 방법을 소개한다.

1. 스위스 머랭 스타일의 버터크림

만드는 시간 약 20분 | 1호 사이즈 1개 아이싱 & 파이핑 분량

Ingredients 머랭(달걀흰자 160g, 설탕 250g), 무염버터 350g

Tools 중탕 볼, 스탠드믹서, 거품기, 고무주걱

Preparation

- 무염버터는 집게손가락 정도 사이즈로 잘라 냉장고에 넣어 차가운 상태로 준비한다.
- 달걀흰자는 알끈을 제거한다.

Direction

1. 볼에 달걀흰자와 설탕을 풀고 가볍게 섞는다.
2. 1을 중탕하되 가끔씩 저어주면서 60℃까지 온도를 높여 끓인다. 2-1은 60℃가 됐을 때의 모습. 거품기로 농도를 확인한다.
3. 머랭이 60℃가 되면 중탕을 멈추고 믹서를 중고속으로 돌리며 열기를 식힌다.
4. 머랭 온도가 40℃ 정도로 식으면 믹서를 저속으로 낮추고 차가운 버터를 넣는다.
5. 버터 첨가 후 믹서의 속도를 다시 중고속으로 올려 휘핑한다. 이 과정에서 크림의 분리가 한 번 일어나며 계속 휘핑하면 크림 상태로 변한다. 사진은 크림이 분리된 모습.
6. 완성된 버터크림은 사용하기 전에 부드럽게 풀어준다.

중탕 온도가 60℃인 이유는?

달걀흰자에 들어 있는 단백질이 변성되는 온도가 60℃입니다. 61℃가 되었다고 해서 갑자기 변하는 것은 아니지만 너무 뜨겁게 중탕할 경우 흰자가 익을 수 있으니 주의하세요. 마찬가지로 차가운 버터를 넣을 때도 머랭의 온도가 과도하게 높으면 버터가 녹을 수 있으니 온도계나 손의 감각으로 뜨겁지 않은지 미리 확인하세요.

Baking tip

- 머랭을 만들 때는 흰자에 노른자가 섞이지 않도록 주의하고 사용할 볼 혹은 휘퍼에 기름기나 물기가 남아 있다면 꼭 미리 닦아주세요.
- 버터를 넣고 휘핑할 때 분리 현상이 잠시 나타나는 것이 정상이에요(과정 5).
- 흰색의 버터크림을 원한다면 재료로 사용하는 버터도 밝은 색을 선택하세요.
- 달걀흰자 냄새에 민감하거나 더 좋은 향을 원할 경우에는 바닐라 엑스트랙와 같은 에센스, 쿠앵트로와 같은 리큐르 계열의 재료를 넣어 풍미를 더해주세요.

2. 이탈리안 머랭 스타일의 버터크림

만드는 시간 약 40분 | 1호 사이즈 1개 아이싱 & 파이핑 분량

Ingredients 머랭(달걀흰자 130g, 설탕 25g), 시럽(물 45g, 설탕 140g), 무염버터 420g

Tools 냄비, 스탠드믹서, 거품기, 고무주걱

Preparation

- 무염버터는 집게손가락 정도 사이즈로 잘라 냉장고에 넣어 차가운 상태로 준비한다.
- 달걀흰자는 알끈을 제거한다.

Direction

1. 볼에 가볍게 푼 달걀흰자와 설탕을 휘핑하여 거품을 만든다.
2. 물을 담은 냄비에 설탕을 넣고 118℃까지 가열해 시럽을 만든다. 끓이는 동안에는 젓지 않는다.
3. 1에 2의 시럽을 조금씩 흘려 넣고 계속 휘핑한다. 믹서를 저속으로 돌리며 볼의 가장자리를 따라 시럽을 조금씩 흘려준다.
4. 온도가 40℃ 정도로 식으면 차가운 버터를 넣는다.
5. 버터 첨가 후 믹서의 속도를 중고속으로 올려 휘핑한다. 이 과정에서 크림의 분리가 한 번 일어나며 계속 휘핑하면 크림 상태로 변한다. 사진은 크림이 분리된 모습.
6. 완성된 버터크림은 사용하기 전에 부드럽게 풀어준다.

🍮 시럽을 끓이는 동안 저으면 안 되는 이유는?

시럽을 끓이는 동안 젓게 되면 작은 결정이 생기기 때문이에요. 이외에 주의할 것은 설탕이 타지 않도록 하는 것인데, 냄비에 재료를 넣을 때 물을 먼저 부은 후 설탕을 가운데에 담으면 돼요. 설탕물이 끓어서 냄비 가장자리로 튈 때는 물을 적신 붓으로 가볍게 닦아주세요.

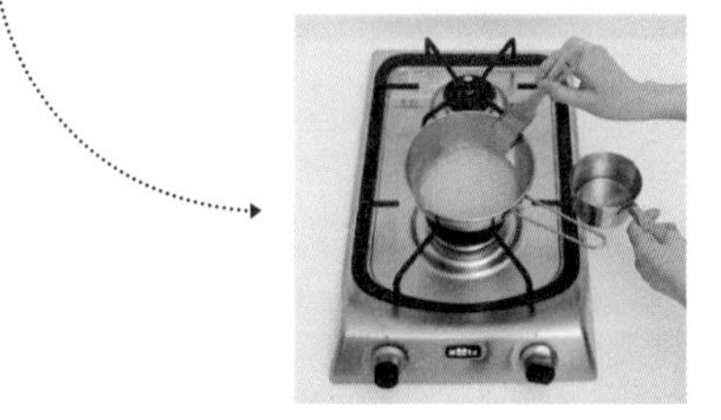

Baking tip

- 시럽을 끓이는 타이밍과 흰자에 거품을 내는 타이밍이 맞지 않으면 버터크림에서 물이 나오거나 볼륨이 꺼질 수 있어요. 나머지는 스위스 머랭의 Baking tip을 참고하세요.

3. 아메리칸 스타일의 버터크림

만드는 시간 약 15분 | 1호 사이즈 1개 아이싱 & 파이핑 분량

Ingredients 무염버터 200g, 우유 30g, 슈가파우더 530g

Tools 원형 볼, 핸드믹서, 고무주걱

Preparation 무염버터는 실온에 미리 꺼내둔다. 만졌을 때 말랑한 상태여야 한다.

Direction

1. 볼에 버터를 넣고 믹서를 저속에 맞춰 가볍게 풀어준 후 중속으로 올려 5분 정도 휘핑한다.
2. 슈가파우더와 우유를 넣고 고무주걱으로 반죽을 가르듯 섞는다.
3. 가루가 보이지 않는 상태가 되면 믹서를 중저속에 맞춰 휘핑한 다음 중고속으로 올려 5분 정도 섞는다.
4. 완성된 버터크림은 사용하기 전에 부드럽게 풀어준다.

Baking tip

- 전분이 포함된 슈가파우더를 쓰면 버터크림이 텁텁할 수 있으니 전분 없는 슈가파우더 100%를 구입해 사용하세요.
- 아메리칸 스타일은 만들기 쉬운 편이에요. 하지만 파이핑을 했을 때의 안정감은 다른 버터크림에 비해 다소 떨어져요.

버터크림 아이싱하기

일반적으로 아이싱은 버터크림이나 생크림 외에 초콜릿 가나슈를 사용하기도 한다. 하지만 플라워케이크 아이싱은 주로 버터크림을 이용하고 우리나라에서는 앙금에 수분이 있는 재료를 더해 앙금크림을 만들어 쓰기도 한다. 깔끔하게 완성된 아이싱을 하기까지는 생각보다 많은 연습이 필요하나 기본 원칙을 알면 원형 케이크는 물론 다양한 형태의 케이크 아이싱까지도 가능하다.

1. 케이크 시트 자르기

스틸 막대와 빵칼로 자르기

긴 육면체의 스틸 막대 2개를 바닥에 대고 빵칼을 이용해 시트를 톱질하듯 자른다. 스틸 막대는 양면의 높이가 다르니 본인이 원하는 높이를 선택해 쓰면 된다. 빵칼은 시트의 지름보다 긴 것을 사용해야 하며 톱날이 있어 다칠 수 있으니 조심한다.

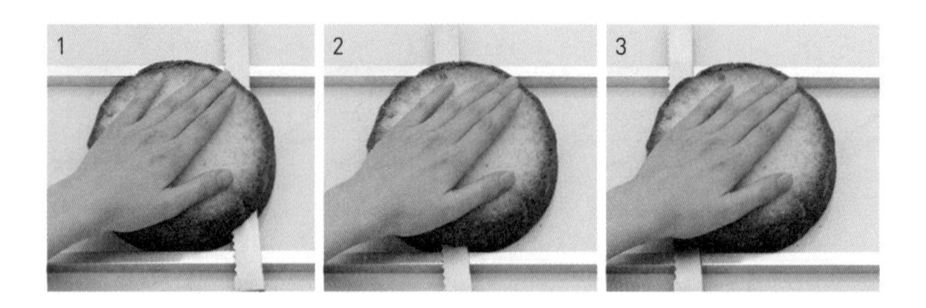

레벨러로 자르기

레벨러는 시트를 편하게 자를 수 있도록 만들어진 도구이다. 하단에 달린 쇠줄은 높이 조절이 가능해 원하는 높이로 시트를 자를 수 있다. 바닥과 직각으로 레벨러를 세우고 좌우로 움직이면 시트가 반듯하게 잘린다.

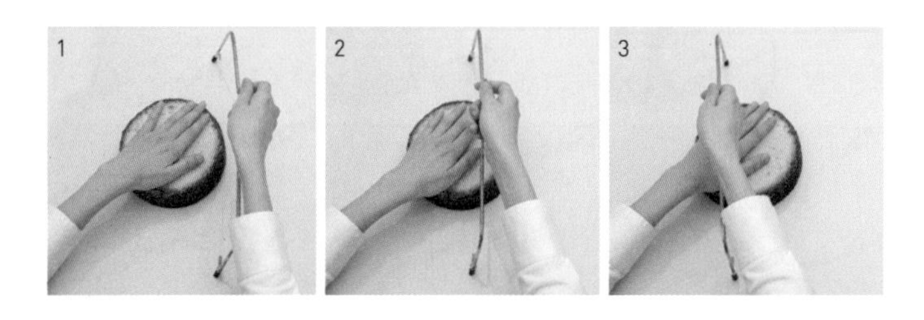

도구 없이 빵칼로 자르기

손으로 시트 윗면을 살짝 누른 상태에서 빵칼을 좌우로 움직여 톱질하듯 자른다. 빵칼은 수평을 유지해야 시트의 높이가 기울지 않는다. 이 방법에 익숙해지려면 연습이 필요하다.

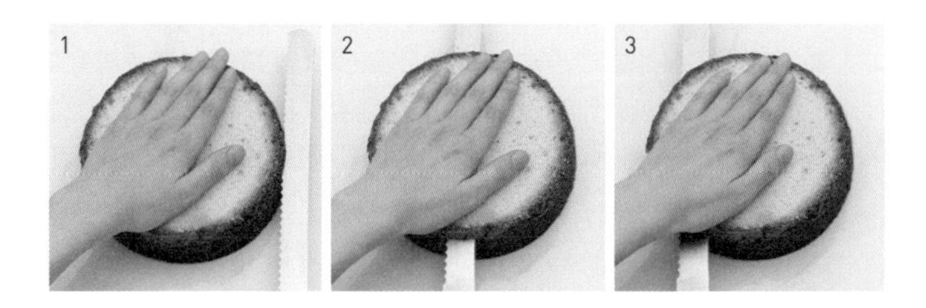

2. 애벌 아이싱

Direction

1. 돌림판 중앙에 시트 한 장을 놓고 시럽을 충분히 바른다. 시럽은 사진과 같이 스프레이로 뿌리거나 일반 붓, 실리콘 붓으로 바르면 된다.
2. L자형 스패출러로 버터크림을 떠서 윗면에 바른다. 기호에 따라 버터크림의 양을 조절하되 크림을 많이 바르고 싶다면 짤주머니를 이용해도 좋다.
3. 두 번째 시트를 올리고 윗면에 시럽을 충분히 바른 다음 크림을 펴바른다. 세 번째 시트도 올려 앞의 과정을 똑같이 반복한다.
4. 스패출러를 직각으로 세우고 옆면에도 크림을 얇게 바른다.
5. 시트 표면에 남은 크림을 정리한다.

Baking tip

- 시럽은 물과 설탕을 끓인 후 식힌 다음 원하는 에센스나 리큐르로 풍미를 더해 사용하세요.
- 시럽에 들어가는 물과 설탕의 비율은 1:1부터 5:1까지 다양하게 조절할 수 있으나 버터크림의 단맛을 고려해 설탕은 적당히 넣으세요.
- 붓을 이용해서 시럽을 바를 경우 시트가 수분을 충분히 머금을 수 있다는 장점이 있으나 붓은 털이 빠질 수 있고 세척과 건조가 쉽지 않아 위생적인 보관이 어려워요. 실리콘 붓은 특성상 수분을 충분히 머금지 못하므로 사용할 때는 시트 가까이 대고 발라주세요. 스프레이로 시럽을 뿌릴 경우 가장 위생적으로 작업할 수 있답니다.

붓

실리콘 붓

스프레이

아이싱 자세

바른 자세
허리와 목을 펴고
정면을 보는 자세.

잘못된 자세
허리를 구부리고
케이크 옆을 보는 자세.

3. 아이싱

Direction

Step 1. 크림 바르기

1. 돌림판 중앙에 애벌 아이싱한 케이크를 올리고 윗면에 버터크림을 넉넉히 얹는다.
2. 스패출러를 좌우로 움직여 크림을 바른다. 스패출러는 시트와 수평을 이루어야 하고 크림은 시트 바깥으로 살짝 튀어나가도록 바른다.
3. 스패출러를 케이크 왼쪽(돌림판 기준 7~8시 방향)에 세우듯 대고 좌우로 움직여 크림을 바른다. 스패출러는 케이크판과 수직을 이루어야 하고 크림은 시트보다 조금 더 높이 올라오도록 바른다.

Step 2. 옆면 크림 정리해 모양 잡기

4. 스패출러를 케이크 왼쪽에 세우듯 대고 돌림판을 시계방향으로 천천히 움직이며 옆면 크림을 정리한다. 이 과정을 두세 번 반복해 케이크 옆면이 수직이 되도록 만든다. 케이크 아랫부분이 좁은 왕관형이나 윗부분이 좁은 산형이 되지 않도록 주의한다.

Step 3. 표면 매끈하게 만들기

5. 따뜻하게 데운 물(40℃ 정도)에 스패출러를 잠깐 담근다.
6. 스패출러에 묻은 물기를 냅킨이나 행주로 깨끗하게 닦아내고 옆면 크림을 쓰다듬듯 정리한다. 버터크림의 거친 기공이 정리되어 더욱 매끈한 표면을 얻을 수 있다.

Step 4. 윗면 크림 정리해 모양 잡기

7. 스패출러로 윗면에 튀어나온 크림을 바깥에서 안쪽으로 쓸어 정리한다. 스패출러는 항상 수평인 상태로 움직여야 한다.
8. 케이크판에 묻은 지저분한 크림을 정리한다.

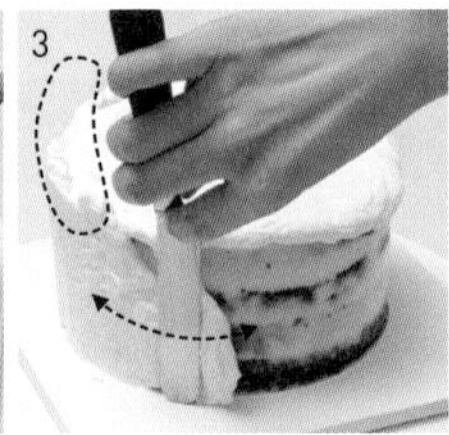

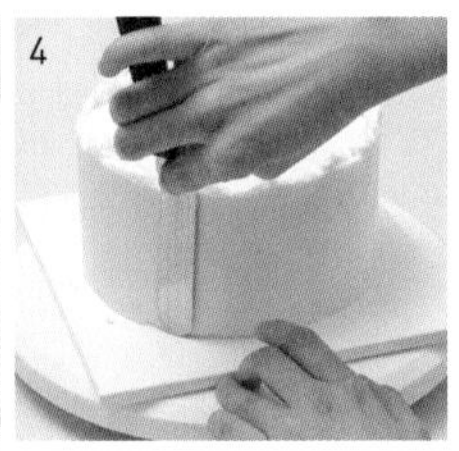

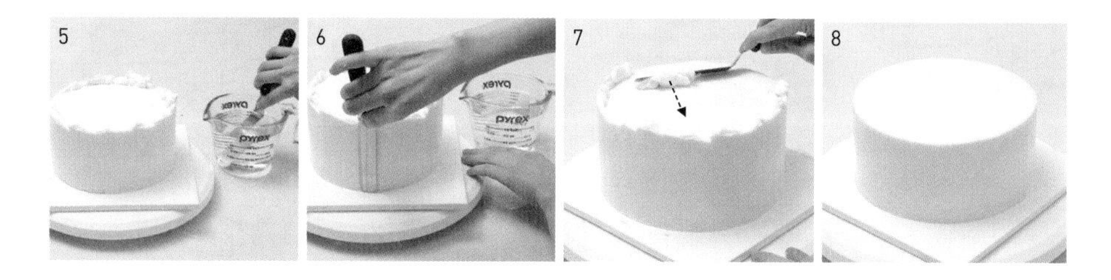

스패출러를 이용한 아이싱이 너무 어렵다면?

초보자의 경우 스패출러로 올바른 각도를 유지하며 크림을 바르는 것이 사실 쉽지 않아요. 이 경우 아이싱용 스무더 사용을 추천해요. 크림을 짤주머니로 짜고 스무더로 정리해보세요. 방법은 스패출러로 하는 것과 거의 똑같아요.

버터크림 표면 정리 전후 비교(과정 6)

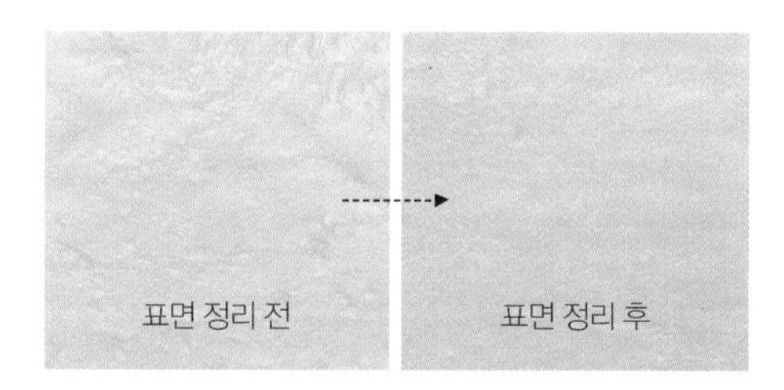

Baking tip

- 스패출러는 항상 깨끗한 상태로 사용하세요.
- 올바른 원기둥 모양의 케이크를 만들기 위해서는 스패출러의 '각도'를 바르게 유지하는 것이 중요해요. 각도에 따라 크림이 발린 형태와 양이 달라지기 때문이에요.
- 케이크의 크림이 어떤 곳은 너무 적고, 어떤 곳은 너무 많다면 좋은 아이싱이라고 할 수 없어요. 아이싱을 할 때는 시트 표면에 균일한 두께의 크림을 발라주세요.
- 버터크림이나 앙금 등 끈적하고 묵직한 크림을 바를 때는 4~5인치의 L자형 스패출러를 사용하는 것이 효율적이에요. 돌림판 역시 빠르게 회전하는 것보다 계속 같은 속도로 여유 있게 돌리는 것이 좋아요.

앙금케이크

Soybean paste Cake

떡케이크 만들기

우리나라 전통 떡인 설기를 케이크 형태로 쪄서 만든 떡케이크는 앙금과의 맛 조화가 일품이다. 다만 설기 떡은 시간의 흐름에 따라 노화가 진행되어 당일 만들어 바로 먹어야 한다는 단점이 있다. 책에서는 설기 떡케이크를 찌는 방법과 떡의 노화를 방지하기 위한 특별 노하우를 소개하고 쌀가루를 이용한 쌀베이킹 시트도 함께 안내한다.

1. 설기 떡케이크

만드는 시간 약 40분 | 1호 사이즈 1개 분량 기준

Ingredients 카놀라유 약간, 멥쌀가루 5cup, 물 5Ts, 설탕 5Ts

Tools 원형 볼, 물솥, 원형 무스틀, 찜기, 면포, 스크래퍼, 중간 사이즈 체

Preparation

- 물솥에 물을 담고 센 불로 끓인다.
- 스테인리스 찜기를 사용할 경우 뚜껑에 생기는 결로를 방지하기 위해 젖은 면포를 씌운다.
- 무스틀 안쪽에 유지를 살짝 발라 이형제의 역할을 하도록 해준다.
- 멥쌀가루는 체에 내린다.

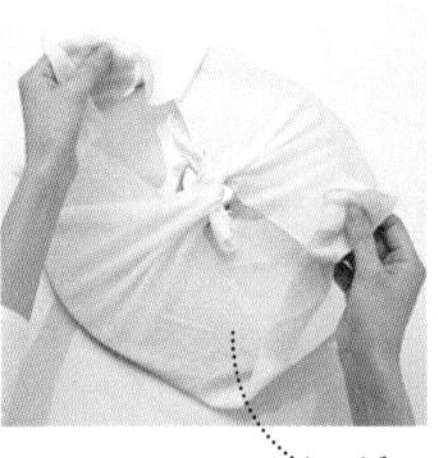

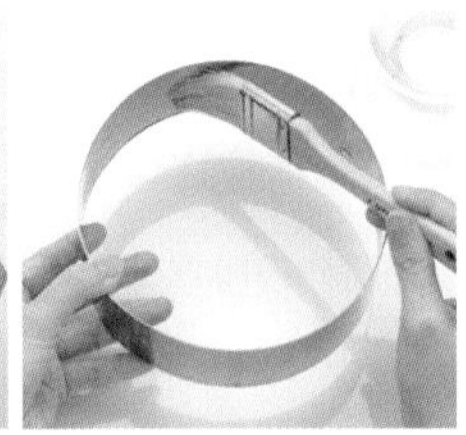

Direction

1. 멥쌀가루에 물을 조금씩 붓고 손바닥으로 가루를 비벼 수분을 준다. 손으로 가루를 직접 만지며 물의 양을 조절한다. 가루를 손으로 가볍게 쥐었을 때 형태를 유지하는 정도가 될 만큼만 물을 더하면 된다(물주기 과정).
2. 1의 멥쌀가루를 1~2회 정도 체에 내린다.
3. 설탕을 넣고 버무리듯 가볍게 섞는다.
4. 원형 무스틀에 3을 채우되 꽉 눌러 담지 않는다. 윗면에 소복이 쌓인 가루는 스크래퍼를 이용해 틀 밖으로 털어낸다.
5. 김이 오른 물솥에 무스틀을 올리고 약 20분간 찐다. 불을 끈 다음에는 그대로 5분 정도 뜸 들인다.
6. 뜸 들이기가 끝난 설기 떡케이크는 한 김 식힌 다음 밀폐 용기에 담아 수분이 마르지 않도록 해준다.

Baking tip

- 카놀라유는 다른 식물성 유지로 대체할 수 있어요.
- 기호에 따라 설탕의 양을 조절해도 돼요.
- 멥쌀가루는 냉동 보관하고 만들기 1~2시간 전 자연 해동해 사용해요.
- 과정 1에서 멥쌀가루에 단호박 가루, 클로렐라 가루 등을 넣으면 원하는 색상의 떡케이크를 만들 수 있어요. 단 떡을 찌고 나면 색이 더 진해지므로 양을 신중히 정해 넣어주세요.

더 오래가는 설기 떡케이크 만들기

앙금만 있다면 누구나 따라 할 수 있는 설기 떡 노화 지연 방법을 안내한다. 백옥앙금, 춘설앙금으로 유명한 대두식품에서 2015년에 특허 출원한 자료이다. 이에 따르면 앙금을 넣고 찐 떡은 약 48시간까지 노화가 지연되는 것을 알 수 있다. 아래의 방법을 참고해 설기 떡케이크를 만들어보자.

Ingredients 카놀라유 약간, 앙금물(백옥앙금 300g, 소금 13g, 물 560g), 멥쌀가루 1000g, 설탕 100g

Direction

1. 백옥앙금, 소금, 물을 섞어 앙금물을 만든다.
2. 멥쌀가루에 물 대신 1을 더하고 손으로 가루를 비벼서 수분을 준다(물주기 과정).
3. 2의 멥쌀가루를 체에 내린 후 밀봉해 30분간 휴지시킨다.
4. 휴지가 끝난 멥쌀가루를 체에 한 번 더 내린 후 설탕을 넣고 버무리듯 가볍게 섞는다.
5. 나머지는 앞과 같으며(설기 떡케이크 과정 4 이후) 찌는 시간은 약 12분 정도로 한다.

Baking tip

- 떡 반죽에 앙금을 섞으면 앙금 속 성분이 떡의 수분을 붙잡아 떡이 마르는 현상을 막아줍니다. 그 결과 떡을 보다 오래 부드럽게 보존할 수 있어요.
- 물에 불려 빻은 습식 쌀가루보다 시중 판매되는 건식 쌀가루에 적합한 방법이에요.

- 특허 출원 제목 : 조림앙금을 이용한 떡과 빵의 노화 방지 방법
- 특허 출원 번호 : 10-2015-0123858
- 특허 출원 날짜 : 2015. 09. 01.

2. 라이스 제누아즈

만드는 시간 약 40분 | 1호 사이즈 1개 분량 기준

Ingredients 머랭(달걀흰자 80g, 설탕 100g), 달걀노른자 40g, 강력쌀가루 80g, 박력쌀가루 20g, 카놀라유 50g, 우유 25g

Tools 원형 볼 2개, 원형 1호 틀, 유산지, 스탠드믹서, 거품기, 고무주걱, 체

Preparation

- 오븐은 180℃로 예열한다.
- 1호 틀에 유산지를 깐다.
- 우유와 카놀라유는 따뜻하게 데운다.
- 강력쌀가루와 박력쌀가루는 체에 내린다.

Direction

1. 볼에 가볍게 푼 달걀흰자와 설탕을 휘핑하며 머랭을 만든다.
2. 달걀노른자를 볼에 넣고 거품기로 풀어준다.
3. 2에 1의 머랭을 넣고 고무주걱으로 가볍게 섞는다.
4. 체에 내린 가루류를 넣고 고무주걱으로 가루가 보이지 않을 정도로 가볍게 섞는다.
5. 여분으로 준비한 용기에 따뜻하게 데운 카놀라유와 우유를 담고 4의 반죽 일부를 넣고 섞는다. 그다음 남아 있는 4의 반죽에 5를 마저 넣고 섞는다.
6. 1호 틀에 팬닝하여 180℃로 예열된 오븐에서 25분가량 굽는다.
7. 구워진 시트는 한 김 식힌 다음 비닐에 넣어 밀봉해 보관한다.

혹시 강력, 박력쌀가루 대신 멥쌀가루를 써도 될까요?

쌀을 물에 불린 후 방앗간에서 직접 빻은 멥쌀가루는 입자가 굵은 편이라 떡에 사용하기엔 좋지만 베이킹 시 사용하기에는 적절하지 않아요. 베이킹 작업을 할 때는 쌀가루 입자를 밀가루처럼 곱게 만든 강력, 박력쌀가루를 사용해야 케이크의 식감을 제대로 느낄 수 있답니다.

Baking tip

- 노른자에 머랭을 섞을 경우 반죽을 아래에서 위로 퍼 올리듯 섞어요. 머랭에 노른자를 넣고 섞을 수도 있지만 노른자가 더 무겁기 때문에 머랭의 거품을 유지하기 위해 이렇게 작업해요.
- 손으로 거품기를 저어 머랭을 만들 때는 흰자를 먼저 휘핑하여 거품 구조를 만든 다음 설탕을 넣으세요. 그래야 더 쉽게 머랭을 만들 수 있어요. 반대로 기계믹서로 머랭을 만들 때는 처음부터 흰자와 설탕을 함께 넣고 휘핑해야 탄력 있는 머랭이 돼요.

3. 라이스 컵케이크

만드는 시간 약 40분 | 컵케이크 8개 분량 기준

Ingredients 무염버터 160g, 설탕 120g, 물엿 15g, 달걀 125g, 아몬드파우더 30g, 박력쌀가루 120g, 베이킹파우더 5g, 건포도 10g, 호두 20g

Tools 원형 볼, 컵케이크 틀, 컵케이크용 주름 유산지, 핸드믹서, 고무주걱, 체, 짤주머니

Preparation

- 오븐은 170℃로 예열한다.
- 컵케이크 틀에 유산지를 깐다.
- 버터와 달걀은 실온에 미리 꺼내둔다. 버터는 만졌을 때 말랑한 상태여야 한다.
- 아몬드파우더와 박력쌀가루, 베이킹파우더는 체에 내린다.
- 건포도는 럼에 살짝 절여 수분과 풍미를 더한다.

Direction

1. 볼에 실온에 꺼내둔 버터를 넣고 핸드믹서로 부드럽게 풀어준다.
2. 1에 설탕과 물엿을 2~3회 나누어 넣고 휘핑하여 크림화한다.
3. 찬 기운이 없는 달걀은 미리 풀어 따로 준비하고 2에 2~3회 정도 나누어 넣어 충분히 휘핑한다.
4. 체에 내린 가루류를 넣고 고무주걱으로 가루가 보이지 않을 정도로 섞는다.
5. 물기를 제거한 건포도와 호두를 넣고 고무주걱으로 가볍게 섞어 마무리한다.
6. 짤주머니에 완성된 반죽을 넣고 컵케이크 틀에 팬닝하여 170℃로 예열된 오븐에서 20분가량 굽는다.
7. 구워진 시트는 한 김 식힌 다음 비닐에 넣어 밀봉해 보관한다.

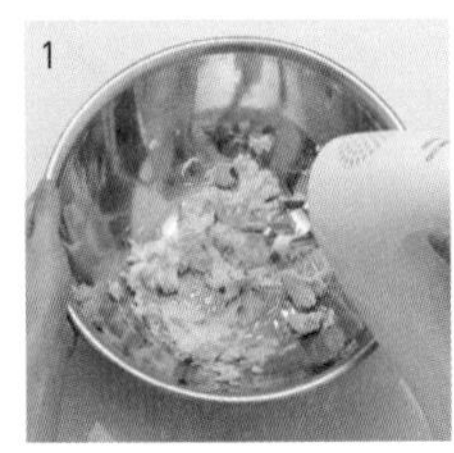
1

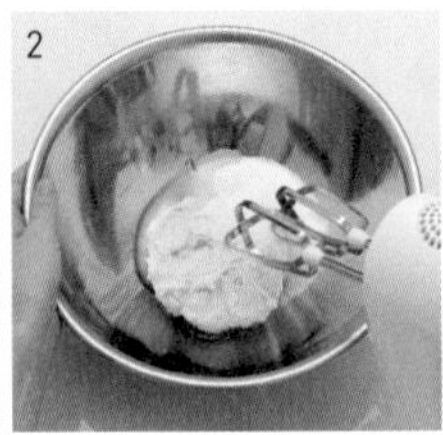
2

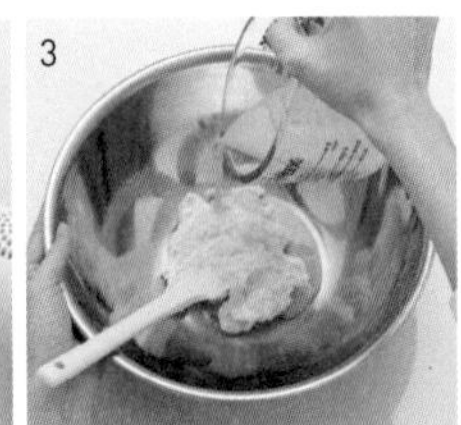
3

4

Baking tip

- 건포도에 사용하는 럼은 다른 리큐르로 대체할 수 있으며 리큐르가 없는 경우에는 설탕 시럽이나 물을 사용해도 돼요.
- 체에 남은 아몬드파우더를 손으로 비벼 내리면 기름이 배어 나오므로 주의하세요.

4. 한천 무스

만드는 시간 약 15분 | 1호 사이즈 1개 분량 기준

Ingredients 완성된 설기 떡케이크, 한천가루 5g, 물 280g, 설탕 67g, 물엿 10g, 옥수수전분 5g

Tools 냄비, 고무주걱, 무스틀

Preparation

- 무스틀 아래에 랩을 씌우고, 틀 안에 무스띠를 넣는다.
- 랩을 씌운 무스틀에 설기 떡케이크를 넣어 준비한다.
- 한천가루는 냄비에 물과 함께 넣어 10분 정도 불린다.
- 실내 온도가 낮을 경우 물엿은 중탕하여 따뜻한 상태로 준비한다.

Direction

1. 물에 불린 한천가루에 설탕, 물엿, 옥수수전분을 넣고 센 불로 끓인다.
2. 물이 끓으면 불을 약하게 낮추고 수분을 날려 농도를 맞춘다. 고무주걱으로 살짝 저을 때 약간 되직한 상태가 되면 불을 끄고 열기를 식혀준다.
3. 2가 40℃ 전후의 따끈한 상태가 되면 무스틀 안의 설기 떡케이크 위로 고루 붓는다.
4. 한천이 식어서 굳으면 무스틀을 빼낸다.
5. 완성된 무스는 바로 사용한다.

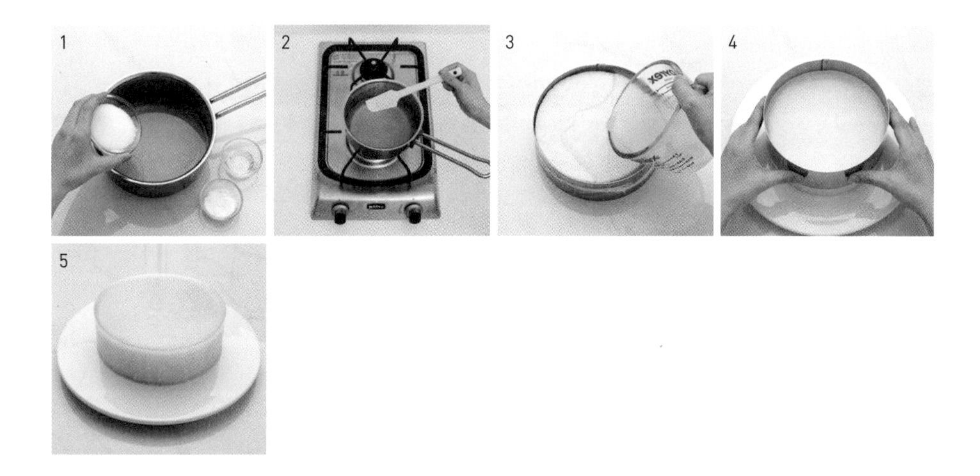

Baking tip

- 한천이 너무 뜨거울 때 부으면 설기에 바로 흡수되므로 사용 시 온도에 주의하세요.
- 한천 무스가 틀에서 잘 빠지지 않을 때는 따끈한 행주로 틀을 잠시 감싸주세요. 그러면 쉽게 뺄 수 있어요.
- 남은 무스는 반드시 굳은 고체 상태로 버려야 해요.
- 과정 2에서 원하는 색소를 소량 넣으면 다양한 색의 한천 무스를 만들 수 있어요.

앙금 만들기

앙금은 콩, 팥이나 고구마, 호박 등을 이용해 만들며 주로 빵, 만주 안에 소로 사용하지만 앙금 플라워 케이크에서는 파이핑 재료로 쓴다. 앙금으로 파이핑할 때는 시판용 앙금에 물, 우유, 생크림 등과 섞어 부드럽게 만들어 쓰는데 유제품을 사용할 때는 보관 온도에 주의해야 한다. 냉장 보관을 할 수 없는 떡 케이크 특성상 앙금이 쉬거나 변질될 수 있기 때문이다. 책에서는 백앙금과 버터크림을 섞은 앙금크림을 소개한다.

1. 백앙금

만드는 시간 약 90분(콩 불리는 시간 제외) | 1호 사이즈 1개 파이핑 분량 기준

Ingredients 흰 강낭콩 100g, 설탕 10~30g, 올리고당 10~30g

Tools 냄비, 나무주걱, 푸드프로세서 혹은 핸드블랜더

Preparation 깨끗하게 씻은 흰 강낭콩은 미지근한 물에 6시간 정도 불린다.

Direction

1. 냄비에 콩과 콩의 2배 정도 되는 양의 물을 담고 센 불로 끓인다.
2. 콩의 표면이 팽창할 때 불을 끄고 물을 버린 다음 다시 새 물을 받아 센 불로 끓인다. 물이 끓기 시작하면 중불로 낮추고 60분 정도 삶는다.
3. 잘 삶아진 콩은 푸드프로세서나 핸드블랜더로 곱게 간다.
4. 3에 설탕과 올리고당을 넣고 블랜더로 한 번 더 곱게 간다.
5. 완성된 백앙금은 바로 사용하거나 밀폐 용기에 넣어 냉장 보관한다.

콩을 물에 불려서 삶는 이유는?

콩을 불리면 물이 콩 내부로 침투해 열 전도가 쉬워져요. 결과적으로 삶는 시간도 줄어들고 콩 전체가 균일하게 삶아져 좋은 앙금을 만들 수 있어요. 불리는 시간은 콩의 종류에 따라 차이가 있으나 보통 실내 온도 20~25℃에서 6시간 정도 불리면 적당해요. 대신 추운 겨울이나 더운 여름에는 한두 시간 정도 차이를 주세요.

Baking tip

- 소금을 소량 첨가하면 단맛을 높여줘요. 기호에 따라 넣지 않거나 혹은 소량만 넣으세요.
- 설탕도 기호에 따라 가감할 수 있어요. 단 설탕을 적게 넣으면 앙금이 변질되기 쉬워요. 설탕을 넣지 않은 앙금은 만든 후 빠른 시일 내에 사용하세요.
- 시판 앙금을 구입해 쓰는 것이 편하답니다. 보관법과 유통기한은 제품 뒤의 표기사항을 참고하세요.

2. 앙금크림

만드는 시간 약 5분 | 1호 사이즈 1개 아이싱 분량 기준

Ingredients 앙금 200g, 버터크림 200g

Tools 원형 볼, 핸드믹서, 고무주걱

Preparation 버터크림은 실온에 미리 꺼내 부드러운 상태로 만든다.

Direction

1. 볼에 앙금을 넣고 믹서를 저속으로 돌려 휘핑한다.
2. 부드럽게 풀린 앙금에 버터크림을 2~3회 나누어 넣고 섞는다.
3. 완성된 앙금크림은 사용하기 전에 부드럽게 풀어준다.

1
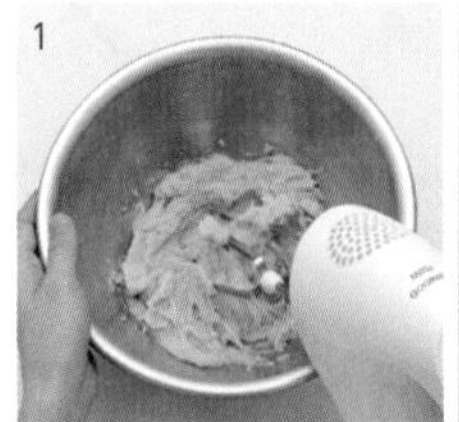

2

2-1

3

Baking tip

- 버터크림 대신 생크림을 섞어도 되지만 생크림은 변질되기 쉬우므로 실온 보관 시 주의를 기울여야 해요.

떡케이크와 앙금에 대해

떡케이크를 냉장 보관하면 안 되는 이유

떡은 쌀가루로 만드는 우리나라의 전통 음식으로 밥을 지을 때와 마찬가지로 전분이 호화되는 과정(녹말이 물과 열을 만나 부피가 늘어나고 점성이 생겨 끈적끈적해지는 현상)을 거치게 돼요. 냉장고의 낮은 온도에서는 전분이 노화되기 때문에 떡은 금방 딱딱히 굳을 수밖에 없어요. 이러한 이유로 떡케이크는 직사광선이 닿지 않는 실온에서 보관하고 가능하면 만든 직후 바로 섭취하는 것을 추천해요. 꼭 보관을 해야 한다면 냉동실에 밀봉하여 보관할 수 있으나 해동하는 과정에서 맛과 질이 떨어진다는 단점이 있어요.

앙금, 그대로 쓰기에 너무 단단하다면

시판되는 앙금은 매우 단단해서 바로 사용하면 손에 무리가 가요. 그래서 믹서를 이용해 부드럽게 풀어 사용하거나 수분이 많은 재료를 더해 사용합니다. 수분이 많은 재료로는 물(정제수), 우유, 생크림, 연유 등이 있어요. 다만 실온에 보관해야 하는 떡케이크의 특성상 우유나 생크림을 사용하게 되면 앙금이 상할 수 있고 연유를 넣으면 지나치게 달아져 쓰기 전 반드시 확인해야 해요. 계절이나 기온의 영향을 적게 받으면서 가장 무난하게 사용할 수 있는 것은 물이랍니다.

다른 색의 앙금을 만들고 싶다면

단호박, 자색고구마, 팥, 녹두 등을 이용하면 천연의 색을 가진 앙금을 만들 수 있어요. 하지만 색이 있는 앙금을 다양하게 만드는 것은 많은 시간과 힘이 소요되므로 시판되는 색 앙금을 구매하거나 백앙금에 색소(천연 혹은 식용 등)를 첨가하여 사용하는 것이 일반적이에요. 조색은 p28을 참고하세요.

앙금 주의 사항

앙금은 버터크림이나 생크림에 비해 미색을 띠고 있으니 조색 시 이를 고려하여 작업하세요. 또 시판되는 앙금에는 표백제가 함유된 경우가 있어 미리 성분 표기 사항을 확인하고 구입해야 합니다.

생화 케이크

Fresh Flower Cake

케이크 시트 만들기

생화 케이크는 다양한 크림과 케이크를 활용할 수 있다. 외국은 버터크림을 많이 쓰지만 우리나라는 생크림에 대한 선호도가 높은 편이기 때문에 개인적으로 생화 케이크에는 주로 생크림을 사용하고 있다. 생크림처럼 가벼운 크림은 보드랍고 폭신폭신한 거품형 케이크와 잘 어울린다. 이 책에서는 생크림과 주로 사용되는 제누아즈와 폭신하면서 탄력 있는 식감이 특징인 시폰 만드는 방법을 소개한다.

1. 화이트 제누아즈

만드는 시간 약 60분 | 1호 사이즈 1개 분량 기준

Ingredients 달걀 100g, 설탕 80g, 물엿 5g, 박력분 75g, 무염버터 20g, 우유 30g

Tools 중탕용 볼, 원형 볼, 원형 1호 틀, 유산지, 핸드믹서, 거품기, 고무주걱, 체

Preparation

- 오븐은 170℃로 예열한다.
- 1호 틀에 유산지를 깐다.
- 달걀은 실온에 미리 꺼내둔다.
- 무염버터와 우유는 따뜻하게 데워둔다.
- 박력분은 체에 내린다.

Direction

1. 달걀을 볼에 넣고 저어 흰자와 노른자가 잘 섞이도록 해준다.
2. 설탕과 물엿을 넣고 중탕하여 40℃ 정도로 온도를 높여준다. 거품기로 재료를 고루 섞어 설탕이나 물엿이 바닥에 굳지 않도록 해준다.
3. 2의 반죽은 믹서를 중고속으로 맞춰 휘핑한다. 거품이 풍성해질수록 반죽의 부피가 늘어나고 색상이 점점 밝아진다. 3의 사진은 부피가 늘어난 휘핑 말기 모습.
4. 거품이 풍성해지고 부피가 늘어나면 휘핑을 멈추고 반죽의 상태를 확인한다. 믹서로 반죽을 떨어뜨려 별 모양이나 숫자 8을 그렸을 때 반죽의 모양이 2~3초 정도 살아 있으면 된다.
5. 반죽은 믹서를 저속으로 돌려 1분 정도 휘핑한다. 반죽에 보이는 큰 기공이 작고 조밀해지도록 한다.

6. 체에 내린 박력분을 넣고 고무주걱으로 가루가 보이지 않을 정도로 가볍게 섞는다. 고무주걱으로 볼을 긁으며 반죽 아래에서 위로 퍼올리듯 섞어야 반죽의 기공이 꺼지지 않는다.
7. 따뜻하게 데운 무염버터와 우유에 6의 반죽 일부를 넣고 섞는다.
8. 남아 있는 6의 반죽에 7을 마저 넣고 섞는다.
9. 1호 틀에 팬닝하여 170℃로 예열된 오븐에서 25~30분 정도 굽는다.
10. 화이트 제누아즈 완성. 구워진 시트는 한 김 식힌 다음 비닐에 넣어 밀봉해 냉장 보관한다.

중탕을 꼭 해야 할까?

중탕 과정은 생략해도 괜찮아요. 하지만 중탕을 하면 시트의 결이 더욱 곱고 보드라워져요. 이 과정을 거치면 달걀 거품을 내기도 더 쉬워지고 설탕도 잘 녹기 때문이에요. 단, 중탕 온도가 너무 높으면 안정성이 떨어지는 약한 거품이 생길 수 있으니 온도는 40℃를 넘지 않도록 해주세요.

Baking tip

- 달걀 냄새에 민감하거나 더 좋은 향을 원할 경우에는 바닐라 엑스트랙와 같은 에센스, 쿠앵트로와 같은 리큐르 계열의 재료를 넣어 풍미를 더해주세요.

2. 홍차 시폰

만드는 시간 약 70분 | 시폰 1호 사이즈 1개 분량 기준

Ingredients 달걀노른자 54g, 설탕A 20g, 카놀라유 40g, 홍차 50g, 박력분 80g, 베이킹파우더 1.7g, 머랭(달걀흰자 100g, 설탕B 40g)

Tools 원형 볼 2개, 시폰 1호 틀, 거품기, 핸드믹서, 고무주걱, 체

Preparation

- 오븐은 170℃로 예열한다.
- 95℃의 물에 홍차잎을 넣고 5분 정도 우린다.
- 시폰 틀에 스프레이로 물을 뿌린다.
- 박력분과 베이킹파우더는 체에 내린다.

Direction

1. 달걀노른자를 풀어준 후 설탕A을 넣고 설탕이 녹을 때까지 거품기로 젓는다.
2. 카놀라유와 찻물을 따로 나누어 넣고 거품기로 고루 섞는다.
3. 체에 내린 가루류를 넣고 고무주걱으로 가루가 보이지 않을 정도로 가볍게 섞는다. 고무주걱으로 볼을 쓸어주는 느낌으로 반죽 가운데에서 밖으로 돌려가며 젓는다.
4. 다른 볼에 달걀흰자와 설탕B를 넣고 핸드믹서로 휘핑하여 머랭을 만든다.
5. 3에 4의 머랭을 1/3가량 덜어 넣고 가볍게 섞는다.
6. 5에 남은 머랭을 마저 넣고 가볍게 섞는다.
7. 시폰 틀에 반죽을 흘리듯 넣어 팬닝하고 큰 기공은 나무꼬치로 저어 없앤다. 170℃로 예열된 오븐에서 40~50분가량 굽는다.
8. 구워진 시트는 틀 채로 뒤집어 식힘망에 올려 식힌다. 식힌 다음에는 스패출러를 이용해 틀에서 시트를 뺀다.
9. 시트는 비닐에 넣어 밀봉해 냉장 보관한다.

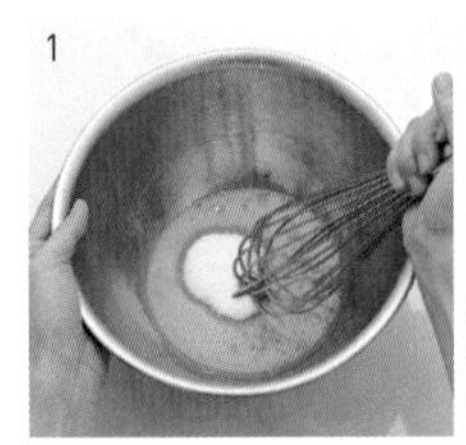
1

2

3

4

시폰 틀은 왜 일반 베이킹 틀과 다르게 생겼을까?

다른 케이크와 비교해 상대적으로 달걀은 많이, 박력분은 적게 들어가는 시폰 반죽은 오븐에서 굽는 동안 부피가 꺼지기 쉬워요. 오븐에서 나온 시폰을 뒤집어 식히는 이유는 부드러운 시폰의 볼륨을 유지하기 위해서랍니다. 틀 중앙의 원통은 부드러운 반죽을 지지하고, 동시에 반죽 가운데까지 열을 잘 전달해주는 역할을 해요.

Baking tip

- 홍차는 어떤 것을 사용해도 좋으나 찻잎이 미세한 티백을 사용할 때는 1~2분 정도 우리세요.
- 거품형 케이크는 부드러운 식감을 위해 달걀에 기포를 충분히 내고 반죽을 완성할 때까지 유지하는 것이 최대 관건이에요. 과정이 다소 어렵게 느껴지는 초보자는 가까운 공방이나 학원에서 한번 배워보는 것을 추천해요.

생크림 만들기

생크림은 크림 중에서 질감이 가장 가볍고 부드러워 단독으로 먹어도 맛이 좋고 다른 재료와 함께 먹어도 잘 어울린다. 다만 물리적 자극에 약해 파이핑을 하기에는 알맞지 않다. 식물성 유지가 첨가된 휘핑크림으로 파이핑을 할 수는 있지만 만들 수 있는 종류에 한계가 있어 생크림은 생화를 활용한 케이크를 만드는 데 걸맞다. 이 책에서는 생화 케이크에 잘 어울리는 생크림 만들기 방법을 소개한다.

1. 생크림

만드는 시간 약 10분 | 1호 사이즈 1개 아이싱 분량

Ingredients 생크림 100g, 설탕 7~10g, 럼 4g

Tools 원형 볼, 핸드믹서, 거품기

Preparation

- 생크림은 반드시 냉장 보관하여 차가운 상태로 준비한다.
- 생크림 휘핑에 사용되는 볼과 도구도 차가운 상태로 준비한다.

Direction

1. 차가운 볼에 생크림과 설탕을 넣는다.
2. 믹서를 중저속으로 돌려 휘핑한다.
3. 거품이 형태를 잡아가기 시작하면 믹서의 속도를 중고속으로 올려 휘핑한다.
4. 생크림이 떠먹는 요구르트 정도의 상태가 되면 럼을 넣고 믹서의 속도를 중저속으로 낮춰 휘핑한다. 이때 생크림의 상태를 지켜보고 적당히 단단해지면 휘퍼에 크림을 묻혀 농도를 확인한다. 완성된 생크림은 사용하기 전에 거품기로 저어 원하는 농도로 사용한다.

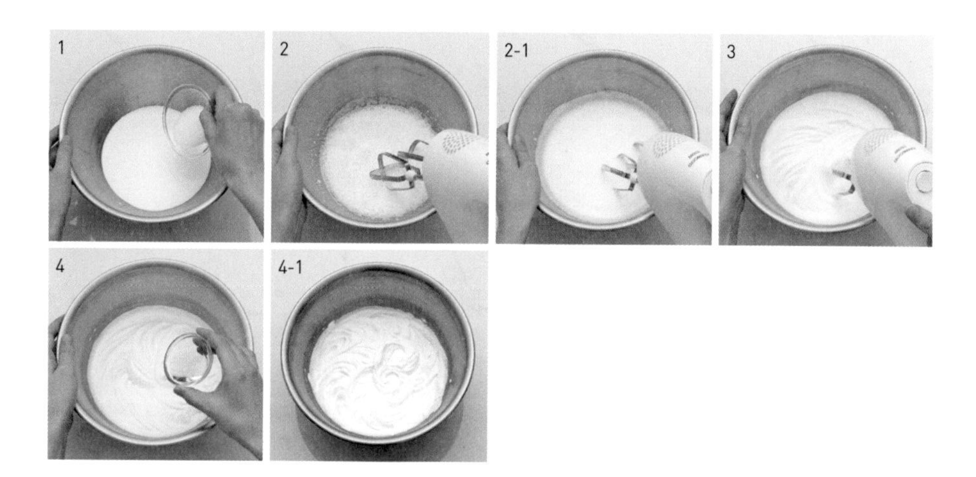

Baking tip

- 럼 대신 위스키, 브랜디 등의 리큐르로 대체할 수 있어요. 일반적으로 과일 베이스의 리큐르가 생크림과 잘 어울리는데 그중에서도 오렌지 계통의 리큐르를 주로 사용해요. 오렌지 계통의 리큐르는 쿠앵트로, 그랑마니에, 트리플 섹, 화이트 퀴라소 등이 있어요.
- 생크림의 변화를 눈으로 확인하는 것이 익숙하지 않은 초보자의 경우 과정 4에서 믹서 대신 거품기를 사용하면 생크림이 분리되는 것을 좀 더 방지할 수 있어요.

2. 초콜릿 생크림

만드는 시간 약 20분 | 1호 사이즈 1개 아이싱 분량

Ingredients 가나슈(생크림A 5g, 다크초콜릿 15g), 생크림B 95g, 휘핑크림 10g

Tools 원형 볼, 핸드믹서, 거품기, 고무주걱

Preparation

• 다크초콜릿은 미리 따뜻하게 녹여 준비한다.

Direction

1. 생크림A를 뜨거운 상태로 데우고 미리 녹인 다크초콜릿과 섞어 가나슈를 만든다.
2. 생크림B와 휘핑크림을 넣고 믹서를 저속으로 돌린다. 거품이 어느 정도 생기면 속도를 중고속으로 올려 70%까지(떠먹는 요구르트 정도) 휘핑한다.
3. 1을 2에 넣고 휘핑해 초콜릿 생크림을 완성한다.

1

2

3

3-1

Baking tip

- 녹인 초콜릿을 생크림에 바로 넣을 경우 섞이지 않고 초콜릿이 굳거나 생크림이 분리될 수 있기 때문에 과정 1을 반드시 거쳐야 해요.
- 가나슈를 넣은 후에는 휘핑을 최소화해(과정 3) 크림이 분리되지 않도록 해주세요.

생크림 아이싱하기

생크림은 맛이 가볍고 부드럽기 때문에 버터크림보다 더 많은 양으로 아이싱을 한다. 생크림 작업은 스패출러의 움직임이나 돌림판 회전도 훨씬 빠르게 이루어져 만드는 속도가 버터크림 아이싱보다 더 빠른 것이 특징이다. 스패출러는 7~10인치의 I자형을 선택하고 돌림판 역시 빠르게 회전할 수 있도록 무게감이 있는 것을 사용한다.

1. 샌드하기

Direction

1. 돌림판 중앙에 시트 한 장을 놓고 시럽을 충분히 뿌린다.
2. I자형 스패출러로 생크림을 떠서 시트 윗면에 바른다. 기호에 따라 크림의 양을 조절한다.
3. 두 번째 시트를 올리고 시럽을 충분히 바른 다음 다시 크림을 바른다.
4. 세 번째 시트를 올리고 주변에 떨어진 크림을 정리한다.

Baking tip

- 생크림은 수분이 빠지기 쉬워 시트에 미리 시럽을 충분히 발라야 해요.
- 시럽은 물과 설탕을 끓이고 식힌 다음 원하는 에센스나 리큐르로 풍미를 더해 사용하세요.
- 생크림 아이싱도 버터크림 아이싱과 마찬가지로 얇게 애벌 아이싱을 할 수 있어요. 자세한 방법은 p62 참고.

2. 아이싱

Direction

Step 1. 윗면 크림 바르기

1. 돌림판 중앙에 샌드한 케이크를 올리고 윗면에 생크림을 넉넉히 얹는다.
2. 스패출러를 좌우로 움직여 크림을 바른다. 스패출러는 시트와 수평을 이루어야 하고 크림은 시트 바깥으로 살짝 튀어나가도록 바른다.

Step 2. 옆면 크림 바르기

3. 스패출러를 케이크의 왼쪽(돌림판 기준 7~8시 방향)에 세우듯 대고 좌우로 움직여 크림을 바른다. 스패출러는 케이크판과 수직을 이루어야 하고 크림은 시트보다 조금 더 높이 올라오도록 바른다. 돌림판을 시계 방향으로 빠르게 돌려 옆면 크림을 정리한다.

Step 3. 표면 매끄럽게 만들기

4. 스패출러로 윗면에 튀어나온 크림을 바깥에서 안쪽으로 쓸어내며 정리한다. 스패출러는 항상 수평인 상태로 움직여야 한다.
5. 스패출러로 아랫부분을 긁어 깨끗하게 만든다. 단 크림을 과도하게 걷어내면 시트가 공기 중에 노출되므로 주의한다.
6. 케이크를 판으로 이동하고 묻은 크림을 정리해 마무리한다.

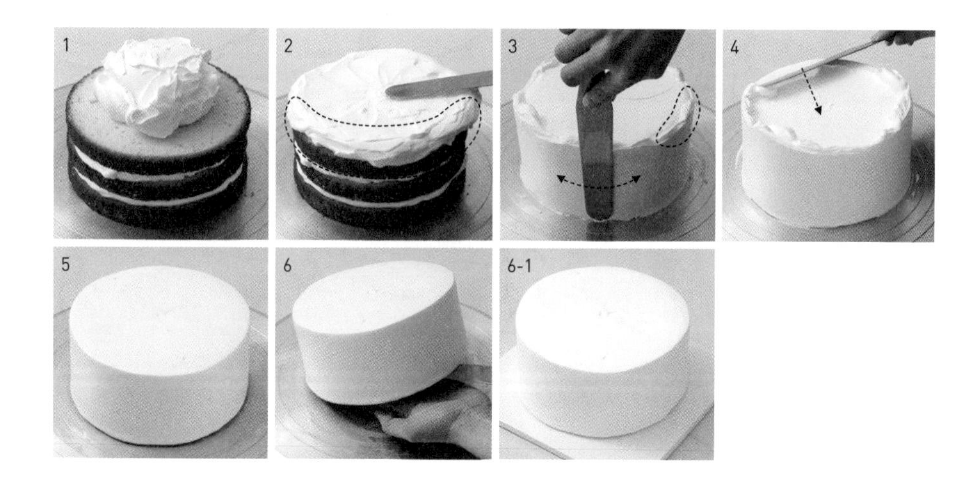

Baking tip

- 버터크림 아이싱의 Baking tip을 참고하세요.

생화 준비하기

생화 케이크는 크림으로 꽃을 파이핑하는 대신 생화를 손질하고 케이크에 보기 좋게 꽂으면 된다. 버터크림, 앙금 플라워케이크보다 접근은 쉬운 편이지만 생화에 대한 이해가 부족하거나 식품에 사용할 수 있도록 손질하는 방법을 모른다면 위생적으로 취약할 수밖에 없다. 때문에 케이크에 적합한 생화를 고르고 꼼꼼하게 관리하는 방법을 소개한다.

1. 케이크용 생화 고르기

식용 가능한 꽃

장미, 카네이션, 국화, 바이올렛, 히비스커스, 라일락, 애플블로섬, 달리아, 팬지, 라벤더, 엘더플라워, 민들레, 해바라기, 주키니 호박꽃 등

- 식용 꽃이 가장 적합하나 무농약 꽃을 사용해도 좋다.
- 식용 꽃도 개인에 따라 호불호가 갈리기 때문에 케이크에 어레인지된 꽃은 꼭 먹지 않아도 된다.
- 향이 너무 강한 꽃은 케이크에 잔향을 남기므로 피하는 것이 좋다.
- 꽃술이나 꽃가루, 열매가 떨어지는 꽃은 사용하지 않도록 한다.
- 줄기에서 진액이 나오는 꽃은 사용하지 않는다. 줄기 부분을 꼼꼼히 감싸도 진액이 케이크에 흡수되기 쉬우니 아예 사용하지 않는 편이 좋다.
- 줄기가 굵고 탄탄하며 잎과 꽃잎에 상처 없이 싱싱한 꽃이 좋다.
- 깔끔하게 정리된 것처럼 보이지 않더라도 겉잎이 붙어 있는 꽃을 고른다.
- 일반 꽃시장에서 판매하는 꽃은 농약을 사용했을 가능성이 높다. 이 경우 농약을 없앨 수 있는 세척 매뉴얼을 반드시 마련하고 그대로 따라야 한다.

2. 생화 손질하기

Direction

1. 깨끗한 물에 꽃을 담그고 살짝 흔들어 가볍게 씻는다.
2. 키친타월 위에 꽃을 올리고 물기를 가볍게 흡수시킨다.
3. 줄기에 남은 잎은 모두 제거한다. 케이크에 잎도 함께 어레인지 하고 싶다면 떼어 낸 잎을 따로 골라 사용한다.
4. 식용 알코올로 한 번 더 소독한다.
5. 케이크에 꽃을 위치를 체크하고 줄기를 알맞게 자른다.
6. 잘린 줄기를 알루미늄 호일로 꼼꼼히 감싼다.

꽃잎에 물이 닿아도 괜찮을까?

수국 외 몇몇 꽃을 제외하면 대부분의 꽃잎은 물이 닿으면 금방 상해요. 때문에 생화의 꽃잎 부분에는 물이 닿지 않게 하는 것이 좋지만, 케이크에 어레인지하기 때문에 위생적인 부분을 무시할 수 없죠. 유기농 꽃을 구매했다하더라도 반드시 깨끗한 물에 세척해서 흙이나 먼지 등의 오염 물질을 제거해야 해요. 그리고 꽃잎이 상하지 않도록 세척 및 손질 후에는 케이크에 바로 사용하세요. 케이크에 생화를 어레인지한 후 냉장 보관하면 36시간 정도는 비교적 싱싱한 상태로 유지할 수 있답니다.

Flower tip

- 식용 목적이 아닌 꽃이 케이크에 바로 닿는 것이 꺼려진다면 꽃받침 부분에 OPP 비닐을 덧대어 어레인지하세요.
- 케이크 위에 올린 꽃을 먹고자 할 때는 알레르기를 일으킬 수 있는 암술과 수술, 꽃받침을 없애는 것이 좋아요.
- 호일로 감싸는 것 외에도 이쑤시개를 줄기와 함께 호일로 싸는 법, 두꺼운 빨대를 줄기 길이만큼 자른 후 꽃을 끼워 사용하는 법 등 다양한 방법이 있어요.
- 여러 송이의 꽃을 한 번에 묶어 꽂거나 잎과 함께 어레인지할 때에는 줄기 윗부분에 고무밴드나 꽃꽂이용 테이프를 감은 후 호일로 감싸야 풀리지 않고 잘 고정돼요.

꽃 구성하기

생화는 형태에 따라 쓰임새가 다르다. 형태에 따른 분류를 충분히 이해한다면 생화 케이크에 꽃을 구성할 때 각 특성을 잘 살릴 수 있다. 케이크의 디자인이나 콘셉트에 따라 아래 네 가지 형태를 다 사용하거나 혹은 필요한 형태만 선택해 사용한다. 그린 계열의 소재도 마찬가지로 생략되기도 하고 만드는 사람에 따라 잎만 떼어 사용하기도 한다.

1. 라인 플라워 line flower

긴 줄기를 따라 작은 꽃이 잔잔하게 피어 있는 형태. 줄기가 길고 곧기 때문에 작품의 형태나 윤곽을 구성하는 '선'의 역할을 한다.

– 스톡, 금어초, 델피늄, 글라디올러스 등

2. 필러 플라워 filler flower

줄기에 작은 꽃이 여러 개 달려 있는 형태. 꽃과 꽃 사이의 빈 공간을 채우고 부드럽게 연결하는 역할을 하거나 케이크에 입체감이 부족할 때 사용한다. 경우에 따라 그린 소재로 대체하기도 한다.

– 안개꽃, 라이스플라워, 소국, 스타티스, 부바르디아, 왁스, 프리지어 등

3. 매스 플라워 mass flower

줄기 하나에 꽃이 한 송이씩 달려 있는 형태. 많은 꽃잎이 모여 하나의 덩어리를 이룬 꽃으로 꽃송이가 크고 둥근 형태이기 때문에 볼륨감을 주고 싶을 때 사용한다. 플라워 디자인에서 면을 채워주는 역할을 하기 때문에 주로 여러 송이를 함께 사용한다.

– 장미, 리시안서스, 라넌큘러스, 국화, 아네모네, 카네이션, 튤립 등

4. 폼 플라워 form flower

꽃의 특징이 분명하고 크기가 큰 형태. 꽃잎이 하나라도 없으면 가치가 떨어지는 꽃이 대부분이다. 작품의 중심을 잡아주고 시선을 집중시키거나 강조하는 역할을 한다.

– 칼라, 호접란, 거베라, 백합, 아마릴리스, 아이리스 등

한눈에 보는 재료 만드는 시기와 보관법

가장 예쁘고 맛있는 케이크를 위한 만들기 추천 시기

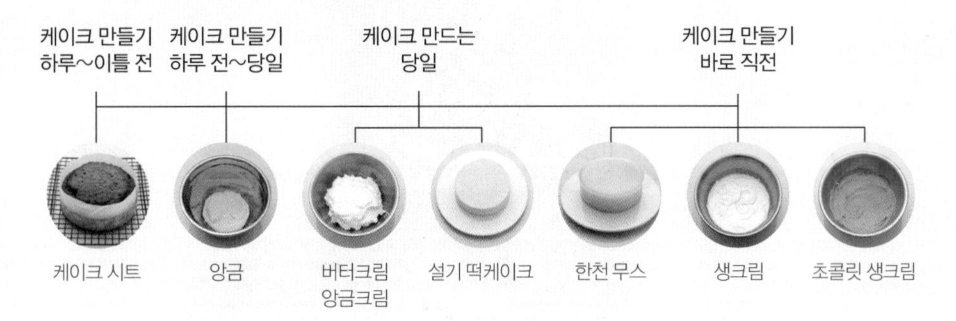

– 케이크 시트 : 당근 케이크, 레드벨벳 케이크, 초코 컵케이크, 라이스 제누아즈/컵케이크, 화이트 제누아즈, 홍차 시폰
– 앙금 : 직접 만든 앙금
– 버터크림 : 이탈리안, 스위스, 아메리칸 버터크림

기본 사용법 및 보관법

케이크 시트	• 만든 직후 한 김 식혀 비닐에 넣어 밀봉하고 냉장고에서 하루 이틀 정도 숙성시켜 사용한다. • 냉장 보관이 가장 일반적이며 약 5일까지 유지된다. 이외에 실온 보관 시 하루, 냉동 보관 시 2주 정도 둘 수 있다. 냉동 보관을 했다면 만들기 하루 전 냉장고로 옮겨 해동한 다음 사용한다.
설기 떡케이크	• 만든 직후 한 김 식혀 공기가 닿지 않게 비닐이나 밀폐 용기에 담아두었다 사용한다. • 당일 만들어 빠른 시간 안에 섭취한다. 정 보관해야 한다면 밀봉해 냉동 보관하고 냉장 보관을 해서는 안 된다. • 냉동 보관했던 떡케이크는 밀봉한 상태로 전자레인지에서 데워 먹는다. 만약 앙금 플라워를 올린 상태로 다시 찌면 앙금이 녹아 흘러내리기 때문에 다시 데울 때는 앙금을 따로 덜어내는 것이 좋다.
한천 무스	• 만든 직후 한 김 식히고 40℃ 정도로 따끈한 상태일 때 사용한다. • 반드시 당일 만들어 빠른 시간 안에 섭취한다. 잠깐의 실온 보관은 가능하다.
버터크림	• 만든 당일 사용 예정이라면 실온 보관을 추천한다. 서늘한 장소(10~15℃)에서 2~3일 정도 보관할 수 있다. • 실온 외에 냉장, 냉동 보관도 가능하다. 냉장고에서 5~7일, 냉동고에서 2주 정도 보관할 수 있다. 냉동 보관을 했다면 만들기 하루 전 냉장고로 옮겨 해동하고 케이크 만들기 1~2시간 전에 실온으로 옮겨 차가운 기운을 없애야 한다.
앙금	• 냉장고에서 1~2일 보관 가능하다. 만든 당일 사용할 예정이라면 실온 보관도 가능하다.
앙금크림	• 당일 만들어 바로 사용한다. 잠깐의 실온 보관은 가능하다.
생크림, 초콜릿 생크림	• 냉장고에서 2~3일 정도 보관 가능하다.

CLASS

2

케이크의 완성

• Flower Cake •

레벨 ★★★☆☆
시트 당근 케이크
색소 레드-레드, 골든옐로우, 캘리그린
팁 장미 #10, #104
잎 #352
라이스플라워 #3, #5

로즈와 라이스플라워

블라섬 어레인지 케이크

#사랑스러운 #향기로운 #달콤한 #여성스러운

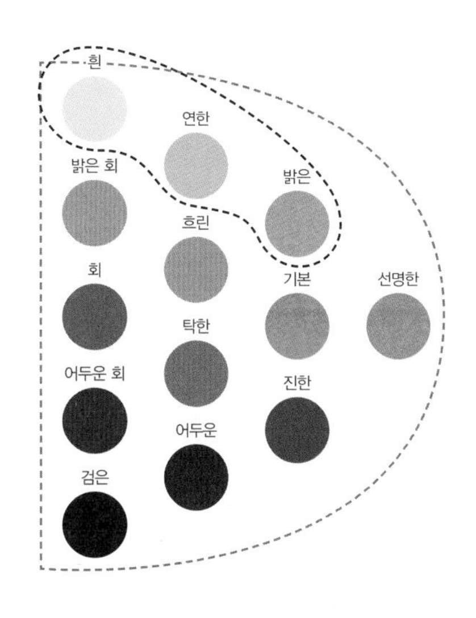

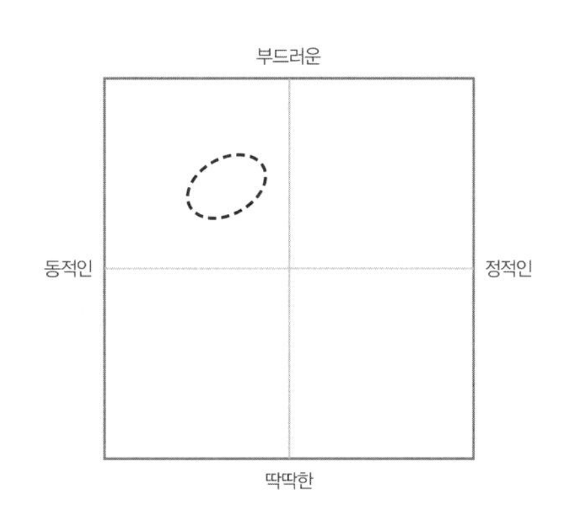

메인색상 | 빨간색(R)과 주황색(YR)
보조색상 | 연두색(GY)
톤 | 밝은 색조(light)–연한 색조(pale)–흰 색조(whitish)

Color Palette

코랄빛 꽃이 가득 찬 블로섬 어레인지 케이크. 메인색상인 빨강과 주황을 밝은 색조, 연한 색조, 흰 색조로 톤을 잡았다. 버터크림에 레드-레드와 골든옐로우 색소를 소량 섞어 조색하고 캘리그린 색소를 더하여 채도를 떨어뜨리면 차분한 느낌을 줄 수 있다. 이렇게 고명도, 저채도로 만든 따뜻한 색은 사랑스러운 느낌을 준다. 점차 더 연한 색의 크림을 조색해 부드러운 느낌을 더하면 젊은 여성들이 선호하는 배색의 케이크가 나온다.

꽃 만들기

Piping

케이크 아이싱은 p62를 참고한다.

1. 로즈 #10, #104

플라워 파이핑의 기본. 꽃을 짜는 기본 규칙을 익히기 좋으며 이 파이핑을 응용하여 리시안서스, 동백 등 다른 꽃을 만들 수 있다.

베이스 만들기

1. 짤주머니를 위아래로 움직여 원뿔 모양의 베이스를 만든다. 베이스의 높이는 2cm 정도가 적당하다.

팁 #10 | 짤주머니 수직 | 네일 고정

2. 왼손으로 네일을 돌리면서 짤주머니로 베이스를 3번 감아 짠다. 상단 부분 파이핑 시 공간이 벌어지지 않도록 주의하고 전체적으로 원뿔 형태를 유지할 수 있도록 한다.

팁 #104, 11시 방향 | 짤주머니 기본 | 네일 회전

꽃잎 3개 만들기

3. 짤주머니를 11시 방향으로 기울이고 포물선을 그리며 3번 파이핑해 살짝 핀 상태의 꽃잎을 만든다. 잎은 베이스보다 좀 더 높아야 하며 파이핑하는 동안 베이스에서 팁이 떨어지지 않도록 주의한다.

팁 #104, 11시 방향 | 짤주머니 기본 | 네일 회전

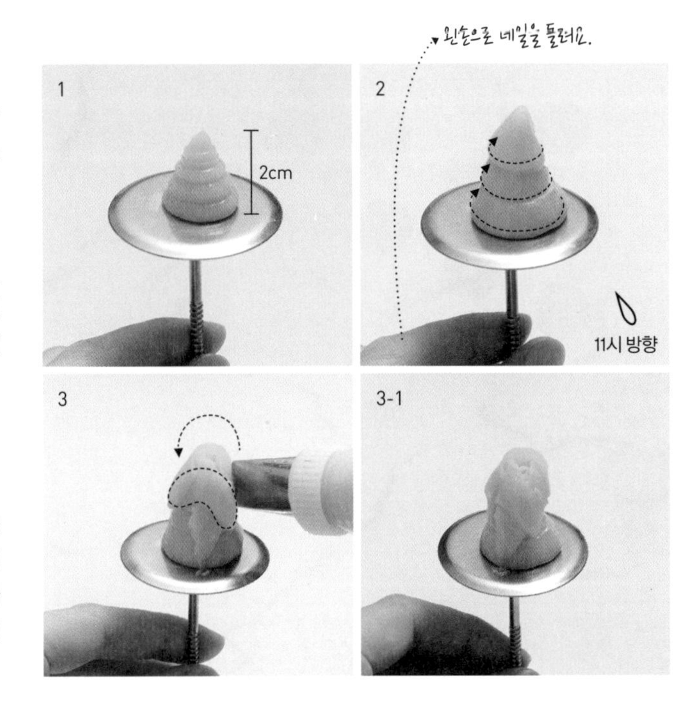

꽃잎 5개 만들기

4. 짤주머니를 12시 방향으로 기울이고 포물선을 그리며 5번 파이핑해 꽃잎을 만든다. 잎은 베이스보다 좀 더 낮아야 한다. 마찬가지로 작업 중에는 베이스에서 팁이 떨어지지 않도록 주의한다.

팁 #104, 12시 방향 | 짤주머니 기본 | 네일 회전

5. 짤주머니를 1시 방향으로 기울이고 포물선을 그리며 5번 이상 파이핑한다. 잎의 높이는 베이스의 중간 정도로 낮게 짠다.

팁 #104, 1시 방향 | 짤주머니 기본 | 네일 회전

마무리

6. 원하는 크기와 모양이 나올 때까지 앞의 과정을 반복한다.

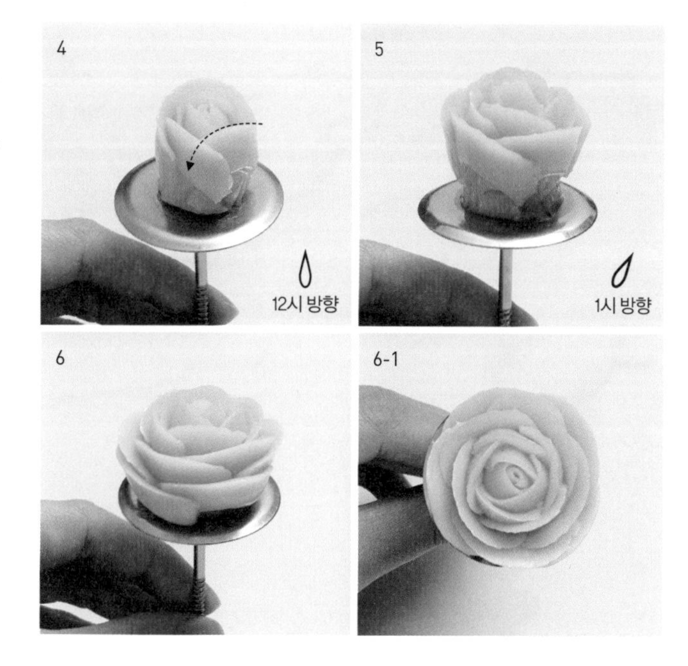

Flower tip

- 베이스를 만들 때 10번 팁 대신 104팁을 사용해도 좋아요.
- 오른손으로 파이핑을 하면서 동시에 왼손으로 네일을 움직여야 꽃잎이 두꺼워지지 않아요.
- 파이핑 하는 손의 힘이 약할 경우 꽃잎이 매끄럽지 않고 찢어진 것처럼 나올 수 있어요.
- 104번 팁 대신 103번 팁을 사용하면 더 작은 사이즈의 로즈를 짤 수 있어요.
- 베이스나 꽃에서 팁을 떨어뜨리면 꽃잎 사이에 빈 공간이 생기므로 항상 주의하세요.

2. 라이스플라워(혹은 봉오리) #5, #3

플라워케이크에 꽃을 어레인지를 하고 난 후 빈 공간을 자연스럽게 채울 수 있는 방법으로 대표적으로 쓰이는 것이 라이스플라워이다. 단, 이를 빈 공간마다 빼곡하게 짤 경우 답답해 보일 수 있으므로 적당히 활용한다.

1. 라이스플라워의 줄기는 주변에 어레인지한 꽃과 비슷한 높이로 파이핑한다. 짤주머니를 지그시 누르며 뽑아 짠다.

팁 #5 | 짤주머니 수직 | 케이크 위에 바로 파이핑

2. 줄기 윗부분에 팁을 대고 작은 점을 찍듯 파이핑한다.

팁 #3 | 짤주머니 수직 | 케이크 위에 바로 파이핑

Flower tip ⊸ 5번 팁 대신 8번 팁을, 3번 팁 대신 5번 팁처럼 조금 더 큰 사이즈의 팁으로 짜면 꽃봉오리도 만들 수 있어요.

3. 잎 #352

잎은 꽃을 모두 어레인지한 후 케이크에 바로 파이핑한다. 녹색 계열 한 가지만으로 만드는 것보다 갈색이나 노란색 등 여러 색소를 섞어 쓰면 생화 같은 자연스러움을 표현할 수 있다.

1. 짤주머니를 잡은 오른손에 힘을 빼며 크림을 끊어내듯 파이핑한다. 파이핑 도중 오른손을 좌우나 위아래로 움직이면 자연스러운 주름이 잡힌 잎을 만들 수 있다.

팁 #352, 9시 방향 | 짤주머니 30~45°로 기울이기 | 케이크 위에 바로 파이핑

어레인지

Arrange

블로섬 어레인지

블로섬 어레인지는 플라워케이크의 가장 기본적인 어레인지로 화단에 꽃이 가득 핀 것처럼 케이크 상단을 꽃으로 가득 채우는 방법이다. 케이크 위에 크림으로 짠 꽃이 가득 올라가기 때문에 사람에 따라서 크림이 다소 많다고 느낄 수 있다. 이럴 때는 아이싱 단계에서 윗면에 크림을 짜는 대신 작은 시트 한 장을 올려도 좋다.

어레인지 크림 짜기

1. 케이크 가장자리에서 1.5cm 정도 안쪽으로 원을 그리듯 크림을 짠다. 중앙은 크림으로 채우는 대신 작은 시트 한 장을 올려도 된다.

가장자리에 꽃 올리기

2. 케이크 정면에 메인 꽃을 2~3개 올리고 색 조화를 생각하며 양쪽 가장자리에 꽃을 어레인지한다. 케이크 뒷부분은 꽃가위를 빼기 쉽도록 비워둔다.

가운데 꽃 채우기

3. 케이크 가운데 앞쪽부터 꽃을 채우듯 놓는다. 꽃가위를 앞 또는 옆으로 기울여 자연스러운 돔형으로 어레인지해 케이크의 볼륨을 살린다. 비워둔 뒷부분에도 꽃을 놓는다.

빈 공간 자연스럽게 채우기

4. 빈 공간에 라이스플라워와 잎을 파이핑해 케이크의 완성도를 높인다. 케이크 하단에 비즈를 짜서 로맨틱한 느낌을 더할 수도 있다.

Flower tip

- 완성도 높은 케이크를 위해 케이크 앞면은 아래와 같은 기준으로 정하세요.
  1. 케이크 옆면에 스패출러를 뗀 자국이 보이지 않도록 한다.
  2. 거친 기공이 보이지 않고 매끈한 쪽이 앞으로 오게 한다.
  3. 수평과 수직이 모두 맞는 원통형으로 보이도록 놓는다.

레벨 ★★★★☆
시트 레드벨벳 케이크
색소 캘리그린, 브라운, 골든옐로우, 레드-레드
팁 리시안서스 #10, #104, #3
라넌큘러스 #10, #61
아네모네 #103, #4, #2

리시안서스와 라넌큘러스, 아네모네

크레센트 어레인지 케이크

#편안한 #자연스러운 #식욕을 돋우는

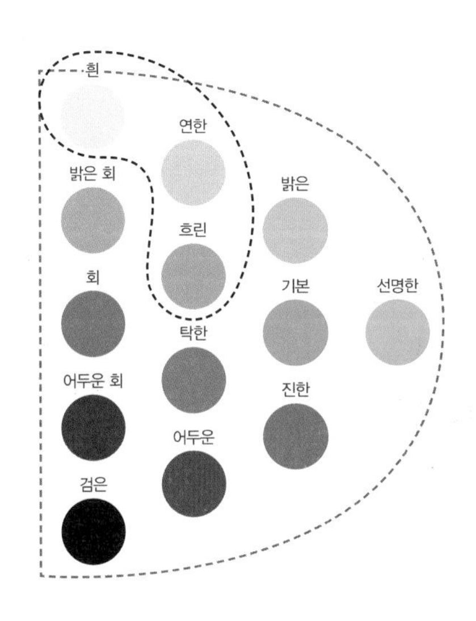

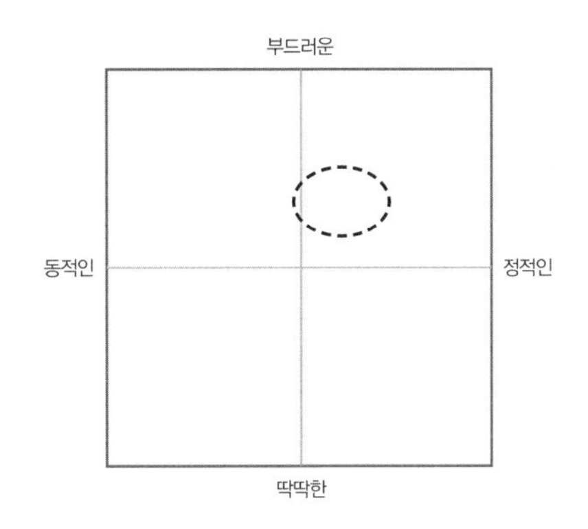

메인색상 | 연두색(GY)
보조색상 | 주황색(YR), 빨간색(R)
톤 | 흐린 색조(soft)-연한 색조(pale)-흰 색조(whitish)

Color Palette

자연스러운 느낌의 크레센트 어레인지 케이크. 메인색상인 연두를 흐린 색조, 연한 색조, 흰 색조로 나누어 단계별로 그러데이션을 했다. 제일 먼저 버터크림에 켈리그린과 브라운 색소를 함께 섞어 자연스러운 연두색을 만든다. 또 레드-레드와 골든옐로우 색소를 넣어 만든 연한 주황색과 레드-레드 색소로 만든 고채도의 빨간색을 포인트로 넣으면 케이크가 더욱 먹음직스러워 보인다. 전체적으로 자연스럽고 편한 느낌의 배색이라 모든 연령대가 선호하는 스타일의 케이크이다.

케이크 아이싱

Cake icing

레드벨벳 케이크 시트 3장

애벌 아이싱하기

자세한 내용은 p62 참고.

그러데이션 아이싱하기

1. 애벌 아이싱을 한 레드벨벳 케이크를 준비한다.

2. 시트 옆면에 바를 크림을 준비한다. 연두색의 버터크림을 만들고 여분의 버터크림도 준비해 둘을 조금씩 섞어 색을 조절한다.

3. 원형 팁을 끼운 짤주머니에 크림을 담고 케이크 옆면에 한 줄씩 올려 짠다.

4. 윗면에도 크림을 넉넉히 바르고 스패출러로 수평이 되도록 정리한다.

5. 옆면도 스패출러로 정리해 그러데이션이 잘 표현되게 한다.

6. 튀어나온 윗면 크림은 스패출러로 정리한다.

7. 그러데이션 아이싱 완성.

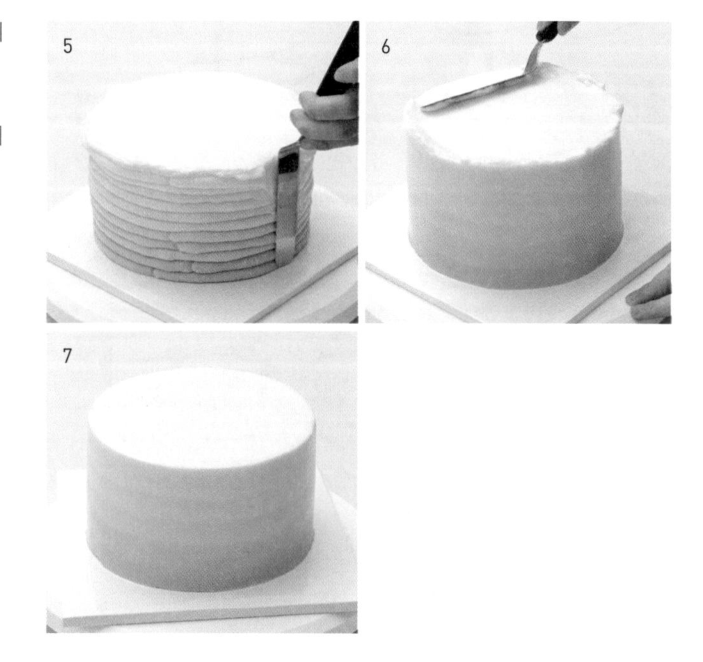

Flower tip

- 그러데이션은 한 가지 색상으로 톤 변화를 줄 수도 있지만(톤온톤), 반대로 톤은 같으나 색상에 변화를 주는 것도 가능해요(톤인톤). 어떤 배색으로 그러데이션을 주느냐에 따라 케이크의 전체적인 느낌이 좌우됩니다.

꽃 만들기

Piping

1. 리시안서스 #10, #104, #3

리시안서스는 로즈만큼이나 많이 쓰이며 다른 꽃과도 잘 어울린다. 로즈와 화형은 비슷하지만 꽃잎의 주름, 꽃술 등에 차이가 있다. 하늘하늘한 꽃잎이 우아한 느낌을 주므로 파이핑을 할 때 주름을 과하게 주지 않도록 주의한다.

베이스 만들기

1. 짤주머니를 위아래로 움직여 원뿔 모양의 베이스를 만든다. 베이스의 높이는 2cm 정도가 적당하다.

팁 #10 | 짤주머니 수직 | 네일 고정

2. 왼손으로 네일을 돌리면서 짤주머니로 베이스를 2번 감아 짠다. 상단은 꽃술을 짜야 하므로 비워두고 전체적으로 원뿔 형태를 유지할 수 있게 작업한다.

팁 #104, 11시 방향 | 짤주머니 기본 | 네일 회전

꽃잎 만들기

3. 짤주머니를 12시 방향으로 기울인 다음 왼손으로 네일을 돌리면서 작은 포물선을 그리며 파이핑한다. 포물선을 그릴 때는 오른손을 자연스럽게 흔들어 주름을 더한다. 이때 베이스에서 팁이 떨어지지 않도록 주의하며 총 3번 파이핑한다.

팁 #104, 12시 방향 | 짤주머니 기본 | 네일 회전

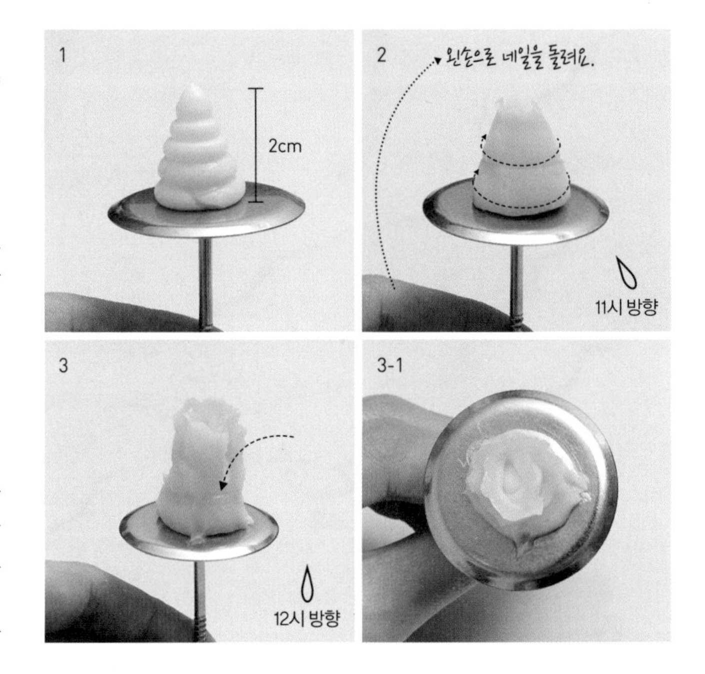

4. 짤주머니를 조금 더 눕혀 1시 방향으로 기울이고 앞과 똑같이 파이핑한다. 이때 포물선의 높이는 앞서 짠 꽃잎과 같아야 한다. 원하는 모양이 나올 때까지 5번 이상 파이핑한다.

팁 #104, 1시 방향 | 짤주머니 기본 | 네일 회전

꽃술 만들기

5. 짤주머니를 잡은 오른손에 힘을 빼고 크림을 끊어내듯 파이핑해 3~5개 정도의 꽃술을 만든다. 꽃술의 높이는 꽃보다 약간 낮은 것이 보기 좋다.

팁 #3 | 짤주머니 수직 | 네일 고정

Flower tip

- 베이스를 짤 때는 10번 팁 대신 104번 팁을 이용해 원뿔 모양으로 짜도 괜찮아요.
- 104번 팁 대신 103번 팁을 사용하면 더 작은 사이즈의 리시안서스를 짤 수 있어요.
- 오른손으로 파이핑을 하면서 동시에 왼손으로 네일을 움직여야 꽃잎이 두꺼워지지 않아요.
- 짤주머니를 잡은 손의 힘을 줄여 리시안서스 특유의 나풀거리는 꽃잎을 표현해도 좋아요.

2. 라넌큘러스 #10, #61

얇고 나풀거리는 꽃잎이 모여 동그란 화형을 이루는 라넌큘러스. 플라워케이크에서는 라넌큘러스의 여러 품종 중 '하노이'를 주로 사용하는데 이 하노이는 녹색 계열로 파이핑하다 다른 색으로 바꿔 그러데이션을 표현한다.

베이스 만들기

1. 작은 원뿔 모양의 베이스를 만든다

팁 #10 | 짤주머니 수직 | 네일 고정

꽃잎 만들기

2. 61번 팁으로 작은 포물선을 그리며 3번 정도 파이핑한다.

팁 #61, 12시 방향 | 짤주머니 기본 | 네일 회전

3. 앞과 같은 방법으로 8~9번 파이핑한다.

팁 #61, 12시 방향 | 짤주머니 기본 | 네일 회전

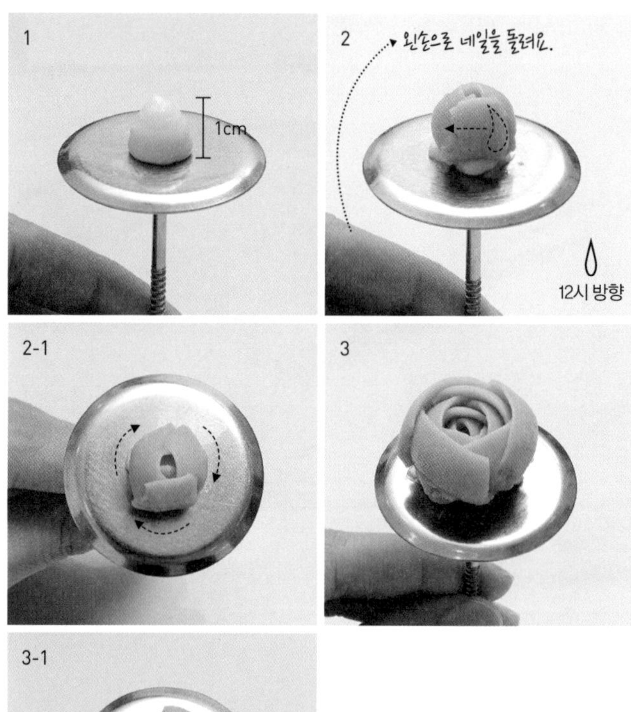

마무리하기

4. 연두색의 라넌큘러스가 어느 정도 모양을 갖추면 연한 살구빛의 크림을 준비해 앞과 같은 방법으로 6번 이상 파이핑한다.

팁 #61, 12시 방향 | 짤주머니 기본 | 네일 회전

3. 아네모네 #103, #4, #2

아네모네는 애플블로섬 만들기를 활용한 파이핑 기법이다. 빨간색과 같이 강한 원색으로 만들기도 하지만 흰색의 아네모네는 어레인지를 할 때 유용하게 사용할 수 있어 더 자주 쓰인다. 104번 팁으로 크게 파이핑하여 메인 꽃으로 활용하거나 103번 팁으로 작게 파이핑해 보조 꽃으로 쓸 수 있다.

1단 꽃잎 만들기

1. 짤주머니를 네일 중앙에 놓고 제자리에서 포물선을 그리며 파이핑한다.

팁 #103, 12시 방향 | 짤주머니 10° | 네일 회전

2. 앞과 같은 방법으로 총 6번 파이핑해 꽃잎을 완성한다.

2단 꽃잎 만들기

3. 2단 꽃잎도 1단과 똑같이 만든다. 이때 1단과 2단 꽃잎의 크기는 비슷해야 한다. 총 5번 파이핑해 꽃잎을 완성한다.

팁 #103, 12시 방향 | 짤주머니 15° | 네일 회전

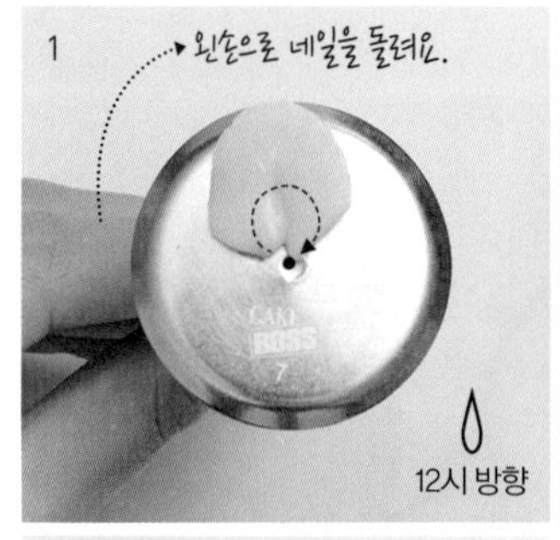

수술 만들기

4. 중앙에 지름 0.5~0.7cm 정도의 원 모양으로 크림을 짜준다. 아네모네 생화 특성상 중앙 수술은 다소 크게 만든다.

팁 #4 | 짤주머니 수직 | 네일 고정

5. 4에서 짠 수술 주위를 둘러 작은 점을 찍는다. 2번 팁은 입구가 좁으므로 파이핑을 하는 중간 중간 닦도록 한다.

팁 #2 | 짤주머니 수직 | 네일 고정

Flower tip

- 아네모네는 실제로 꽃술이 크고 강렬한 편이므로 파이핑을 할 때도 과감하게 표현해도 좋아요.
- 냉장고나 냉동고에서 얼린 후 사용할 예정이라면 유산지나 비닐을 네일 위에 깔고 파이핑하세요.
- 이외에도 납작한 형태의 꽃은 네일 위에 비닐을 깔고 만드는 것이 좋아요.
- 꽃잎을 동일한 간격으로 짜는 것이 어렵다면 6개의 꽃잎이 그려진 종이를 붙여놓고 그대로 따라 파이핑하세요.

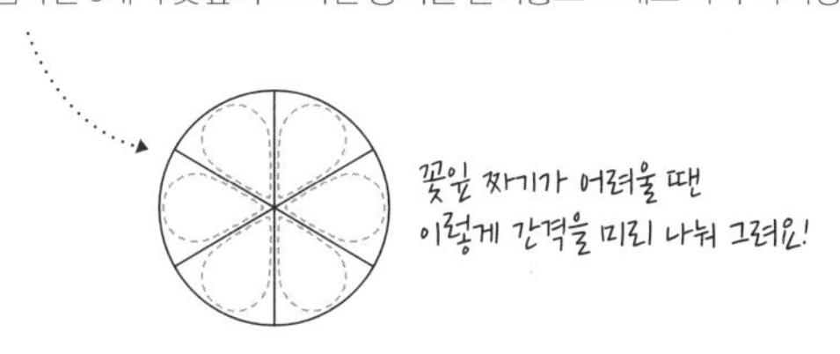

어레인지

Arrange

크레센트 어레인지

크레센트 어레인지는 케이크 위에 꽃을 초승달 모양으로 올리는 방법이다. 어레인지 크림을 먼저 짜고 가운데에 화형이 크고 중심이 되는 꽃을 놓은 다음 가장자리로 갈수록 작은 꽃을 둔다. 이를 고려하지 않을 경우 어색한 느낌을 줄 수 있으므로 초승달의 모양을 잘 떠올리며 어레인지를 해야 한다.

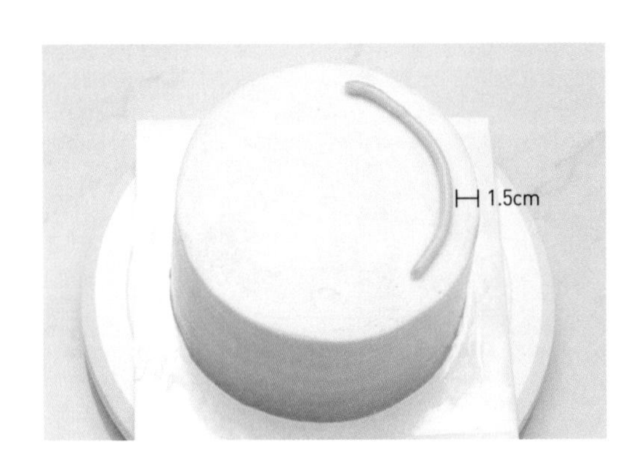

어레인지 크림 짜기

1. 케이크 한쪽에 가장자리에서 1.5cm 정도 안쪽으로 작은 초승달을 그리듯 크림을 짠다.

메인 꽃 올리기

2. 1에서 짠 크림 중앙 부분에 화형이 큰 꽃 3개를 올린다.

꽃 채우기

3. 색 조화를 생각하며 **2**의 양옆으로 꽃을 3개씩 올린다. 그 다음 작은 꽃을 한두 개 더한다. 이때 가장자리로 갈수록 꽃이 작아져야 자연스러운 초승달 모양이 표현된다. 케이크 아래도 꽃으로 꾸민다.

빈 공간 자연스럽게 채우기

4. 빈 공간에 잎과 둥근 레드 커런트 열매(3번 팁)를 더해 케이크의 완성도를 높인다. 붉은 계열의 열매는 자칫 심심해 보일 수 있는 케이크에 포인트가 된다.

레벨 ★★★☆☆
시트 초코 컵케이크
색소 캘리그린, 레드-레드, 브라운
팁 빅토리안 로즈 #10, #97
리본 로즈 #10, #103, #2
국화 #10, #81
애플블로섬 #101, #2
스카비오사 #104, #3, #81

국화와 애플블로섬, 스카비오사

컵케이크

#섬세한 #온화한 #잔잔한 #포근한 #부드러운

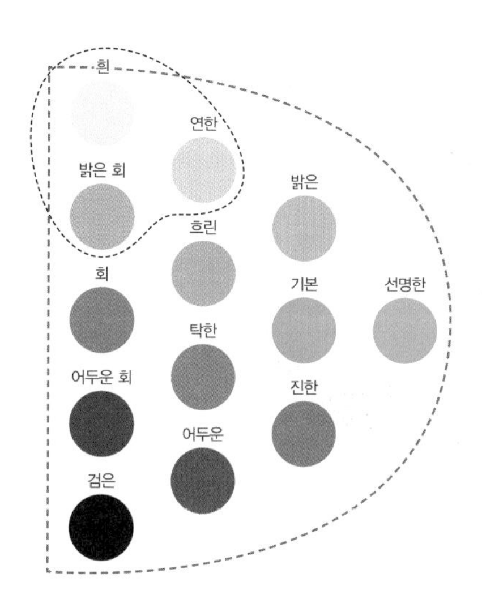

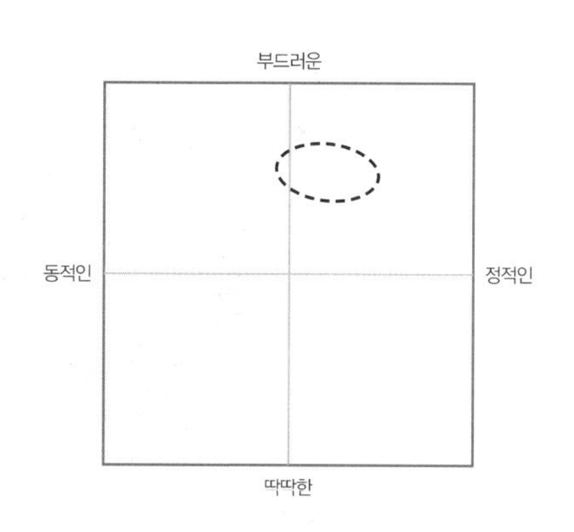

메인색상 | 녹색(G)과 빨간색(R)

톤 | 연한 색조(pale)–흰 색조(whitish)–밝은 회색조(light grayish)

Color Palette

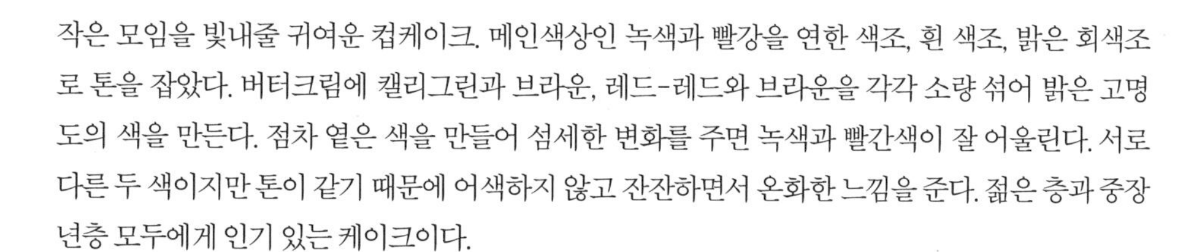

작은 모임을 빛내줄 귀여운 컵케이크. 메인색상인 녹색과 빨강을 연한 색조, 흰 색조, 밝은 회색조로 톤을 잡았다. 버터크림에 캘리그린과 브라운, 레드-레드와 브라운을 각각 소량 섞어 밝은 고명도의 색을 만든다. 점차 옅은 색을 만들어 섬세한 변화를 주면 녹색과 빨간색이 잘 어울린다. 서로 다른 두 색이지만 톤이 같기 때문에 어색하지 않고 잔잔하면서 온화한 느낌을 준다. 젊은 층과 중장년층 모두에게 인기 있는 케이크이다.

케이크 아이싱

Cake icing

컵케이크 위에 크림을 적당히 올린 후 스패출러로 고루 정리한다.

Flower tip

- 스패출러로 크림을 바를 때 유산지가 벗겨질 수 있으므로 힘 조절이 필요해요.
- 스패출러를 여러 각도로 움직일수록 크림이 지저분하게 발려요. 스패출러는 한 방향으로만 움직여주세요.

꽃 만들기

Piping

1. 빅토리안 로즈 #10, #97

빅토리안 로즈는 로즈와 파이핑 기법은 같지만 사용하는 팁이 다르기 때문에 자연스럽게 뒤집어진 꽃잎에 조금 더 동글동글한 화형이 나온다. 빅토리안 로즈의 팁은 S자로 꺾여 있어 왼손잡이의 경우에는 전용 팁을 사용해야 한다. 만드는 과정은 로즈 파이핑 기법과 똑같으므로 p100을 참고한다.

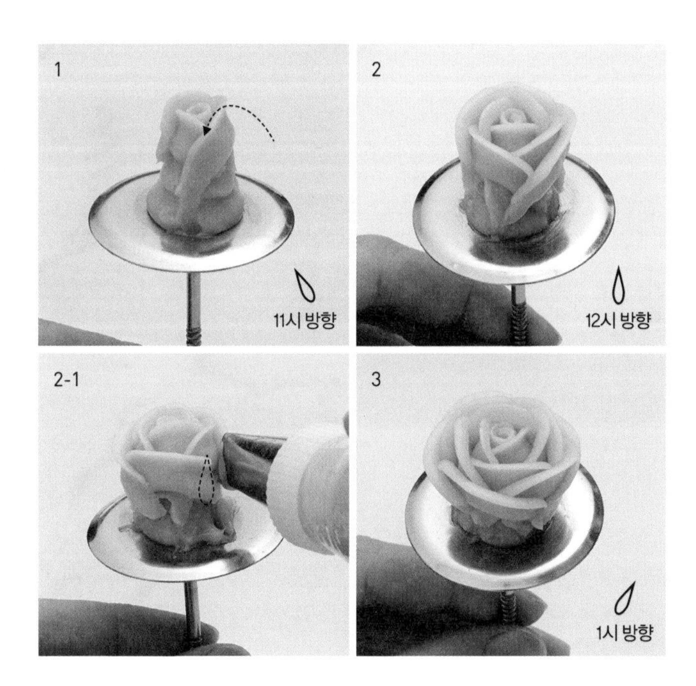

2. 리본 로즈 #10, #103, #2

리본 로즈는 길게 자른 리본을 동그랗게 말아놓은 모양으로 왼손으로 네일을 돌리는 연습을 하기에 좋은 꽃이다. 라넌큘러스와 비슷한 느낌을 가지고 있어 최근에는 '미니 라넌'이라 부르기도 한다.

베이스 만들기

1. 짤주머니로 원을 그려 납작한 원 모양의 베이스를 만든다. 베이스의 지름은 2.5cm 정도가 적당하다.

팁 #10 | 짤주머니 수직 | 네일 고정

꽃잎 만들기

2. 짤주머니를 네일 중앙에 놓고 왼손으로 네일을 돌려 여러 바퀴 감아 짠다. 이때 네일은 많이 돌릴수록 좋으며 베이스에서 팁이 떨어지지 않도록 주의한다. 꽃잎의 높이가 들쑥날쑥하지 않도록 신경 쓴다.

팁 #103, 12시 방향 | 짤주머니 기본 | 네일 회전

마무리

3. 짤주머니를 지그시 눌러 중앙에 심을 짠다. 꽃보다 높게 짤 경우 지저분해 보일 수 있다.

팁 #2 | 짤주머니 수직 | 네일 고정

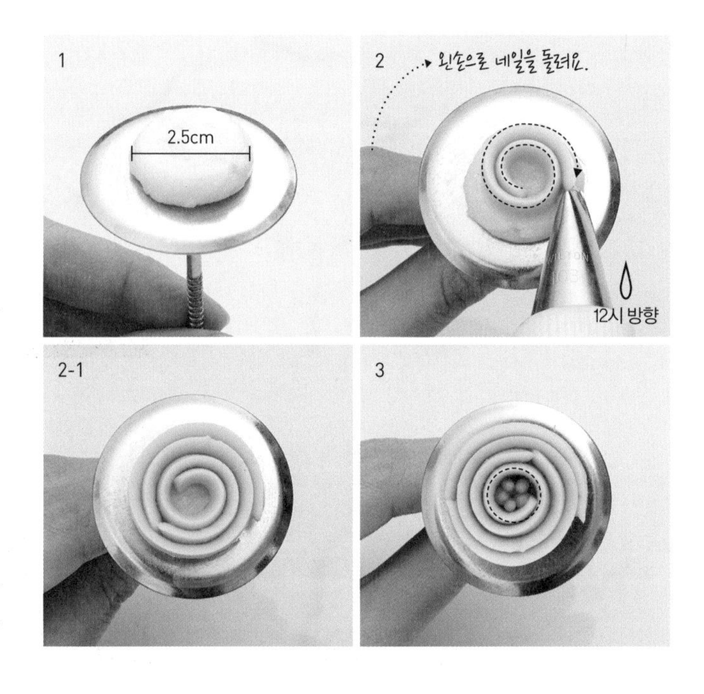

3. 국화 #10, #81

국화는 품종에 따라 다양한 형태를 지닌다. 메인으로 쓰이는 꽃은 아니지만 케이크 위에 올렸을 때 화려한 느낌을 주기 때문에 보조 꽃으로 자주 사용한다.

베이스 만들기

1. 네일 중앙에 작은 원 모양의 베이스를 만든다. 베이스의 지름은 약 0.8cm 정도가 적당하다.

팁 #10 | 짤주머니 수직 | 네일 고정

꽃잎 만들기

2. 짤주머니를 네일 기준 3시 방향에 놓고 짤주머니를 45°로 기울여 길이 1cm 정도의 정중앙 꽃잎 2개를 만든다.

팁 #81 | 짤주머니 45° | 네일 고정

3. 앞서 짠 꽃잎에서 팁이 떨어지지 않도록 주의하며 정중앙 꽃잎을 둘러 총 3~4바퀴 정도 파이핑한다.

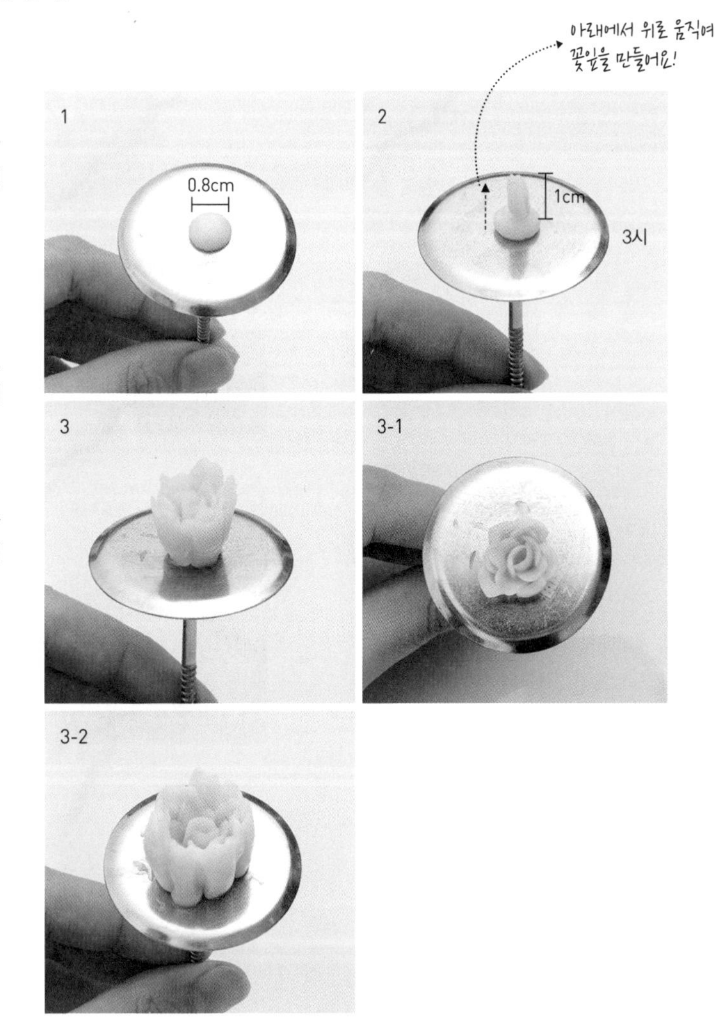

마무리

4. 앞의 과정을 반복하되 꽃잎의 길이를 더 늘여준다. 갈수록 짤주머니를 바깥쪽으로 눕혀 꽃이 핀 모습을 표현한다.

팁 #81 | 짤주머니 45° | 네일 고정

4

4-1

4-2

Flower tip ⊶ 짤주머니의 각도에 변화를 줘서 안으로 말리거나 밖으로 늘어진 꽃잎을 표현해보세요.

4. 애플블로섬 #101, #2

애플블로섬은 5개의 잎이 붙어 있는 납작한 모양의 꽃으로 벚꽃, 매화 등 동일한 화형을 지닌 꽃으로 활용할 수 있다. 케이크 위에 꽃을 어레인지한 후 빈 공간을 채우거나 마무리를 자연스럽게 할 때 쓰는 등 활용도가 매우 높은 꽃이다.

꽃잎 만들기

1. 짤주머니를 네일 중앙에 놓고 제자리에서 포물선을 그리며 파이핑한다. 같은 방법으로 총 5번 파이핑해 꽃잎을 완성한다.

팁 #101, 12시 방향 | 짤주머니 10° | 네일 회전

꽃술 만들기

2. 중앙에 작은 점을 더해 꽃술을 표현한다. 1~3개 정도 짜지만 이는 생략해도 좋다.

팁 #2 | 짤주머니 수직 | 네일 고정

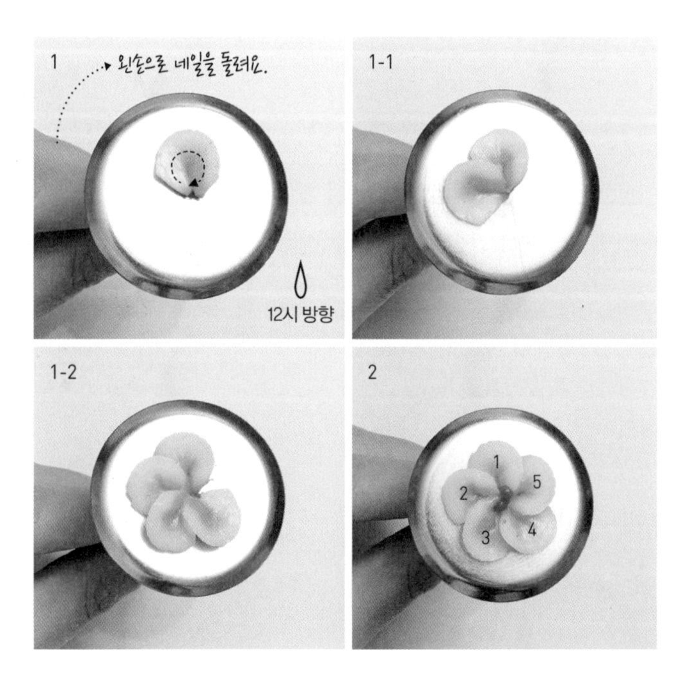

Flower tip

- 냉장고나 냉동고에서 얼린 후 사용할 예정이라면 유산지나 비닐을 네일 위에 깔고 파이핑하세요.
- 꽃잎을 동일한 간격으로 짜는 것이 어렵다면 5개의 꽃잎이 그려진 종이를 붙여놓고 그대로 따라 파이핑하세요.

5. 스카비오사 #104, #3, #81

스카비오사는 꽃술이 매우 크고 볼록하게 보이는 꽃이다. 컵케이크 위에 바로 파이핑을 할 경우 시간을 절약할 수 있어 여러 개를 만들 때 유용하다. 네일 위에 작은 사이즈로 파이핑할 경우에는 104번 팁 대신 103번 팁을 사용한다.

1단 꽃잎 만들기

1. 큰 스카비오사를 만들기 위해 컵케이크 위에 바로 파이핑한다. 짤주머니를 12시 방향에 놓고 제자리에서 포물선을 그리며 파이핑한다. 포물선을 그릴 때는 오른손을 자연스럽게 흔들어 주름을 더한다.

팁 #104, 12시 방향 | 짤주머니 10° | 컵케이크 회전

2. 앞과 같은 방법으로 약 10~12번 파이핑해 꽃잎을 만든다. 컵케이크를 중심으로 한 바퀴 돌려 1단을 완성한다.

팁 #104, 12시 방향 | 짤주머니 10° | 컵케이크 회전

왼손으로 컵케이크를 돌려요.

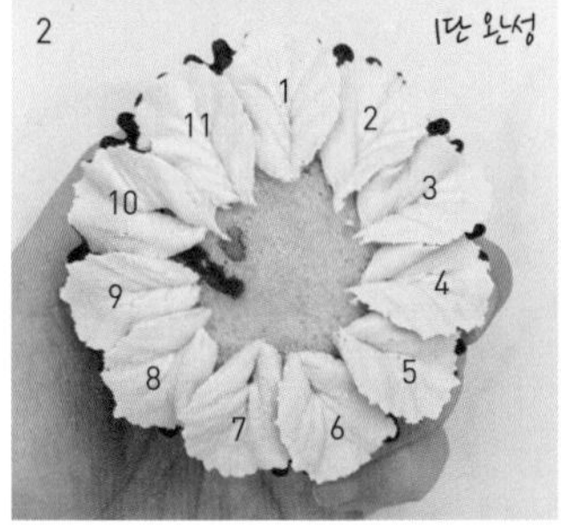

2단 꽃잎 만들기

3. 2단 꽃잎도 1단과 똑같이 만든다. 단 크기는 1단보다 약간 작게 파이핑한다. 중앙은 심을 짜기 위해 비워둔다.

팁 #104, 12시 방향 | 짤주머니 15° | 컵케이크 회전

수술 만들기

4. 입체감을 주기 위해 중앙에 크림을 짜고 그 위에 0.2~0.3cm 정도의 작은 수술을 반복해 짠다. 그다음 81번 팁(꽃잎과 같은 색 사용)으로 수술 주위를 둘러 파이핑한다. 전체적으로 볼록한 원형이 되도록 만든다.

팁 #3(수술) #81 | 짤주머니 수직 | 컵케이크 고정

Flower tip ⊶ 104번 팁 대신 103번 팁을 사용하면 더 작은 사이즈의 스카비오사를 짤 수 있어요.

어레인지

Arrange

컵케이크 어레인지

컵케이크 어레인지는 본인이 원하는 대로 비교적 자유롭게 꽃을 올리는 편이다. 한 개 혹은 두세 개 정도의 꽃만 올려도 앙증맞은 컵케이크가 완성된다. 대신 플라워 컵케이크 여러 개를 만들 때는 종류는 다르더라도 각각 비슷한 양의 꽃을 올려야 통일감이 느껴진다.

빅토리안 로즈 어레인지

1. 중앙에 꽃을 하나 올린다.

2. 남은 가장자리에 꽃을 채운다.

3. 빈 공간에 잎을 파이핑한다.

리본 로즈 어레인지

1. 중앙에 꽃을 하나 올린다.

2. 남은 가장자리에 꽃을 채운다.

3. 빈 공간에 잎을 파이핑한다.

국화 어레인지

1. 중앙보다 조금 위에 꽃을 하나 올린다.

2. 3개의 꽃이 삼각형이 되도록 놓는다.

2. 빈 공간에 잎을 파이핑한다.

애플블로섬 어레인지

1. 가장자리부터 꽃을 채운다.

2. 중앙에 꽃을 채운다.

3. 애플블로섬은 납작한 꽃이므로 1단을 채운 다음 2, 3단을 올려 컵케이크에 풍성함을 더한다.

레벨 ★★★★★

시트 당근 케이크

색소 스카이블루, 캘리그린, 브라운, 블랙, 퍼플, 레드-레드, 골든옐로우

팁 오션송 로즈 #10, #118
줄리엣 로즈 #10, #103, #122
스톡 #101, #81, #16
리본 #2B

오션송 로즈와 스톡

박스 어레인지 케이크

#환한 #감미로운 #경쾌한 #다정한

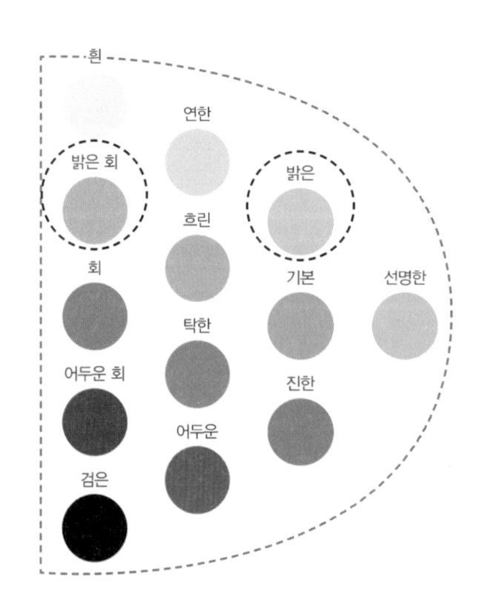

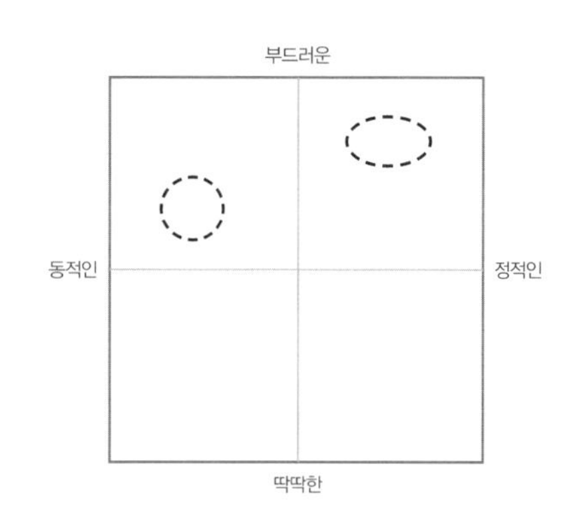

메인색상 | 청록색(BG)
보조색상 | 보라색(P), 주황색(YR)
톤 | 밝은 색조(light)–밝은 회색조(light grayish)

Color Palette

티파니의 선물 상자 같은 박스 케이크. 메인색상인 청록을 밝은 색조로 톤을 잡는다. 버터크림에 캘리그린과 스카이블루 색소를 섞어 환한 청록색을 만든다. 경쾌하면서 달콤한 느낌을 주지만 자칫 과하게 진할 수 있으므로 아이싱용 크림을 만들 때는 브라운이나 블랙 색소를 소량 섞어 채도를 낮춘다. 플라워용 크림은 아이싱용 크림과 달리 고명도, 저채도, 회색톤으로 조색해 안정적인 분위기를 더한다. 전체적으로 감미로운 분위기를 띠며 특히 연인에게 선물하기 좋은 케이크이다.

케이크 아이싱

Cake icing

당근 케이크 시트 4장

애벌 아이싱하기

자세한 내용은 p62 참고.

아이싱하기

자세한 내용은 p64 참고.

– 박스

1. 애벌 아이싱한 당근 케이크를 준비한다.

2. 시트 옆면에 바를 크림을 준비한다. 청록색의 버터크림을 조색해 바르고 스패출러로 정리한다.

3. 튀어나온 윗면 크림도 스패출러로 정리한다.

– 박스 뚜껑

1. 뚜껑으로 쓸 케이크를 준비하고 윗면과 옆면에 아이싱한다.

2. 2B번 팁으로 사진과 같이 뚜껑에 리본을 짠다.

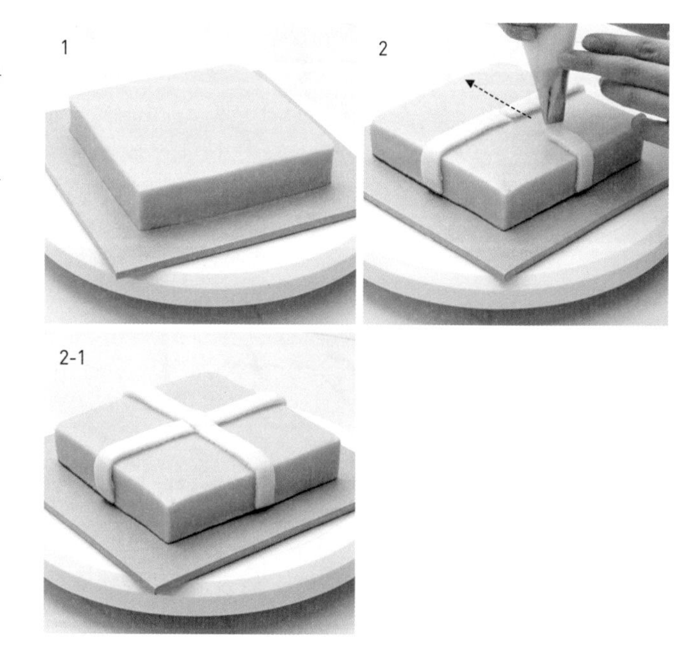

Flower tip

- 리본 파이핑을 하기 전 케이크에 리본을 짤 위치를 스패출러로 미리 표시하세요.
- 리본을 너무 빠르게 짜면 크림이 끊어질 수 있으니 천천히 짜도록 해요.

꽃 만들기

Piping

1. 오션송 로즈 #10, #118

오션송 로즈는 본래 보라색을 띠는 꽃이지만 플라워케이크에서는 원하는 색을 다양하게 활용한다. 꽃잎 끝부분이 자연스럽게 뜯어진 듯한 모양을 하고 있어 잎을 파이핑할 때는 손에 힘을 약간 뺀 상태에서 움직이는 것이 좋다. 빅토리안 로즈와 마찬가지로 팁이 긴 S자로 꺾여 있기 때문에 왼손잡이의 경우 전용 팁을 사용해야 한다.

베이스 만들기

1. 원뿔 모양의 베이스를 만든다. 베이스의 높이는 1cm 정도가 적당하다.

팁 #10 | 짤주머니 수직 | 네일 고정

2. 왼손으로 네일을 돌리면서 짤주머니로 베이스를 3번 감아 짠다. 상단 부분 파이핑 시 공간이 벌어지지 않도록 주의한다.

팁 #118 | 짤주머니 기본 | 네일 회전

꽃잎 만들기

3. 짤주머니를 네일 기준 5시 방향에 놓고 왼손으로 네일을 돌려 베이스를 전체적으로 크게 감아 짠다. 짤주머니를 시계 방향으로 이동해가며 이를 2~3번 반복한다. 파이핑 중에는 베이스에서 팁이 떨어지지 않도록 주의한다.

팁 #118, 12시 방향 | 짤주머니 기본 | 네일 회전

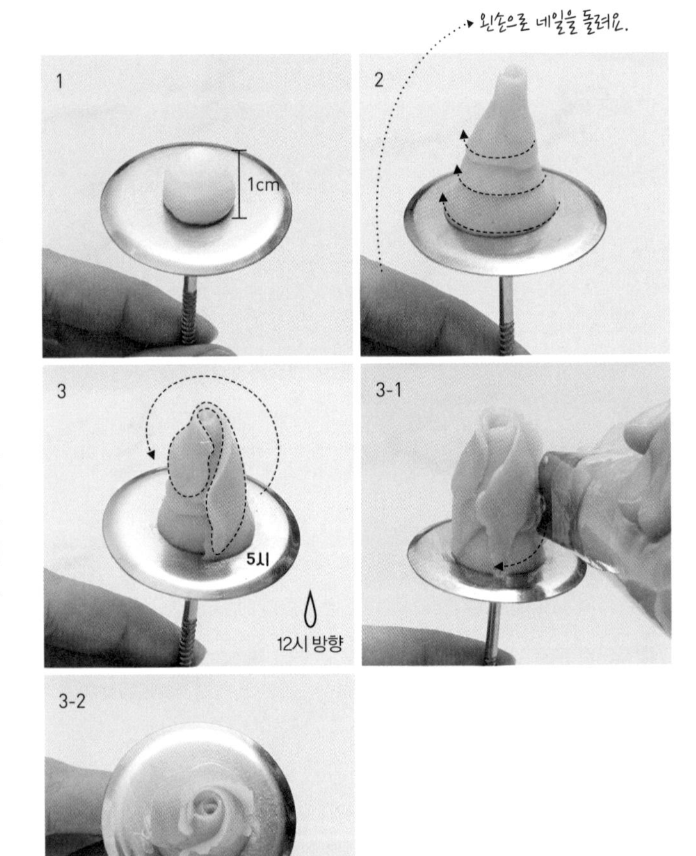

4. 짤주머니를 네일의 3시 방향에 놓고 5시 방향까지 포물선을 그리며 파이핑한다.

마무리

5. 앞과 똑같이 파이핑하되, 단 포물선의 길이를 조금씩 늘여준다. 꽃잎이 뒤집힌 모양을 표현할 때는 짤주머니를 조금 눕혀 파이핑한다. 원하는 크기가 나올 때까지 앞의 과정을 반복한다.

Flower tip ⊸ 물결 모양의 118번 팁은 파이핑 시 모양이 흔들리기 마련입니다. 능숙해지기까지 많은 연습이 필요합니다.

2. 줄리엣 로즈 #10, #103, #122

줄리엣 로즈는 꽃이 핀 정도에 따라 화형이 크게 변한다. 그러므로 어떤 상태의 꽃을 원하느냐에 따라 사용하는 팁이나 짜는 방법이 달라진다. 책에서는 부케에 주로 사용되는, 활짝 피기 전의 줄리엣 로즈 만들기 방법을 소개한다. 꽉 찬 속 꽃잎이 겉 꽃잎보다 한 톤 어둡게 보이므로 조색 시 이를 잘 활용하면 생화 같은 느낌을 살릴 수 있다.

베이스 만들기

1. 짤주머니로 원을 그려 납작한 원 모양의 베이스를 만든다. 베이스의 지름은 2.5cm 정도가 적당하다.

팁 #10 | 짤주머니 수직 | 네일 고정

꽃잎 만들기

2. 짤주머니를 네일 기준 12시 방향에서 3시 방향까지 지그재그로 움직여 파이핑한다. 같은 방법을 4번 반복해 베이스 위를 꽃잎으로 채운다.

팁 #103, 12시 방향 | 짤주머니 기본 | 네일 회전

3. 이제 왼손으로 네일을 돌리며 **2**의 꽃잎을 감아 짠다. 한 번 파이핑할 때 반 바퀴 정도 감고 총 2~3바퀴 파이핑한다.

팁 #122, 12시 방향 | 짤주머니 기본 | 네일 회전

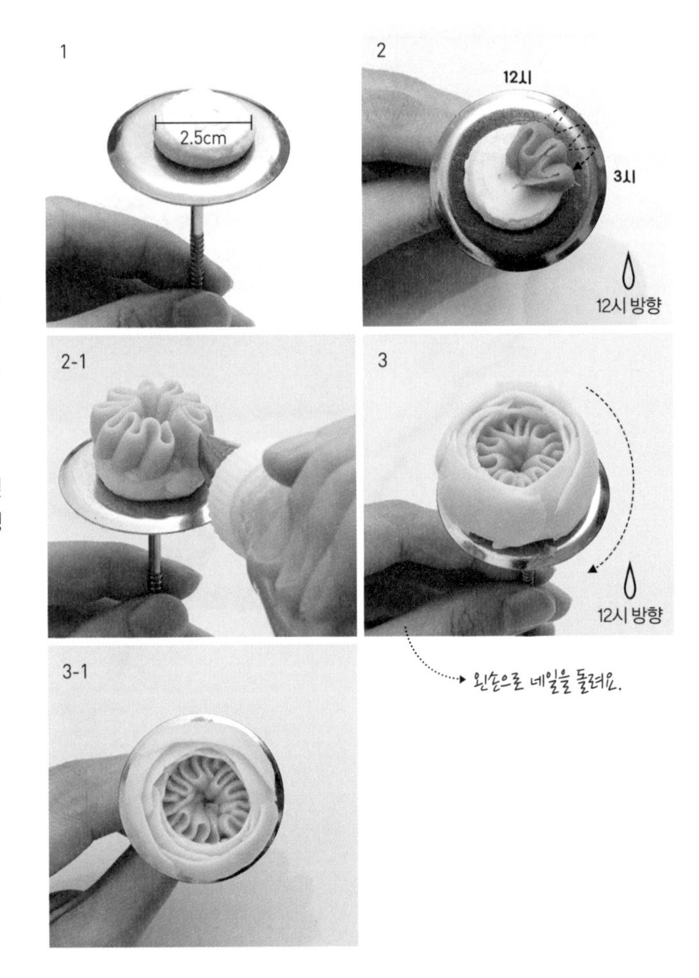

Flower tip

- 103번 팁으로 꽃잎을 짤 때 움직임이 크면 큰 꽃을, 반대로 움직임이 작으면 아담한 꽃을 피울 수 있어요.
- 122번 팁으로 겉 꽃잎을 만들 때 한 번에 길게 움직여야 동그란 줄리엣 로즈의 화형을 잘 표현할 수 있어요.

3. 스톡 #101, #16, #81

스톡은 애플블로섬을 활용하여 파이핑을 한다. 본래 긴 줄기에 여러 송이가 모여 피는 '라인 플라워'지만 플라워케이크에서는 하나씩 따로 떼어 빈 공간을 메우거나 보조 꽃으로 활용한다. 파이핑 중 오른손을 과하게 흔들면 꽃잎의 모양이 어색해질 수 있으니 주의한다.

1단 꽃잎 만들기

1. 짤주머니를 네일 중앙에 놓고 제자리에서 포물선을 그리며 파이핑한다. 오른손을 자연스럽게 흔들어 주름을 더한다.

팁 #101, 12시 방향 | 짤주머니 10° | 네일 회전

2. 앞과 같은 방법으로 총 6번 파이핑해 꽃잎을 완성한다.

2단 꽃잎 만들기

3. 2단 꽃잎도 1단과 똑같이 만든다. 단 좀 더 작게 파이핑한다. 총 5번 파이핑해 꽃잎을 완성한다.

팁 #101, 12시 방향 | 짤주머니 15° | 네일 회전

마무리

4. 별 모양의 16번 팁으로 중앙에 꽃술을 만든다.

팁 #16 | 짤주머니 수직 | 네일 고정

5. 4의 수술 주위를 2~3회 정도 둘러 파이핑한다.

팁 #81, 12시 방향 | 짤주머니 수직 | 네일 고정

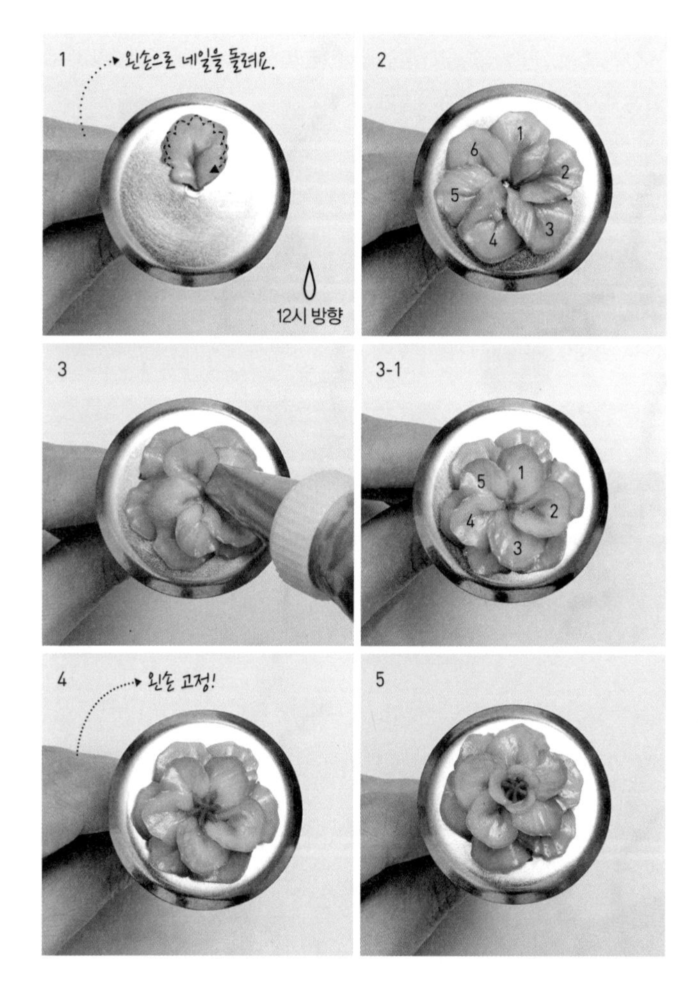

Flower tip

- 플라워 박스 디자인을 고려해 본래 스톡 사이즈보다 작게 파이핑했어요.
- 101번 팁 대신 102번, 103번 팁을 사용하면 더 큰 사이즈의 스톡을 짤 수 있어요.
- 냉장고나 냉동고에서 얼린 후 사용할 예정이라면 유산지나 비닐을 네일 위에 깔고 파이핑하세요.

어레인지

Arrange

플라워 박스 어레인지

박스 위에 꽃을 놓은 다음 뚜껑을 올려 어레인지를 완성한다. 꽃을 지나치게 많이 넣게 되면 균형이 맞지 않아 불안정해 보일 수 있다. 뚜껑을 놓을 때 꽃이 망가지지 않도록 주의를 기울이도록 하자. 어레인지 전 디자인 계획을 잘 세우는 것이 무엇보다 중요하다.

메인 꽃 올리기

1. 케이크 정면에 보여주고 싶은 메인 꽃을 놓는다.

뚜껑 올리기

2. 뚜껑 아래를 스패출러로 받쳐 들고 비스듬히 올린다.

꽃 채우기

3. 뚜껑과 박스 사이의 빈 공간에 꽃을 더한다. 스톡은 빈 공간을 메우기 적절하지만 과할 경우 오히려 어색해 보일 수 있으므로 최소한으로 사용한다.

빈 공간 자연스럽게 채우기

4. 빈 공간에 잎을 더해 자연스럽게 마무리한다.

레벨 ★★★★☆
시트 당근 케이크, 레드벨벳 케이크
색소 바이올렛, 브라운, 로얄블루, 골든옐로우, 블랙
팁 라넌큘러스 #10, #61
핀 작약 #10, #3, #122
베리 #3,
비즈 #4, 2

라넌큘러스와 작약

2단 케이크

#그윽한 #단아한 #고급스러운 #품위 있는

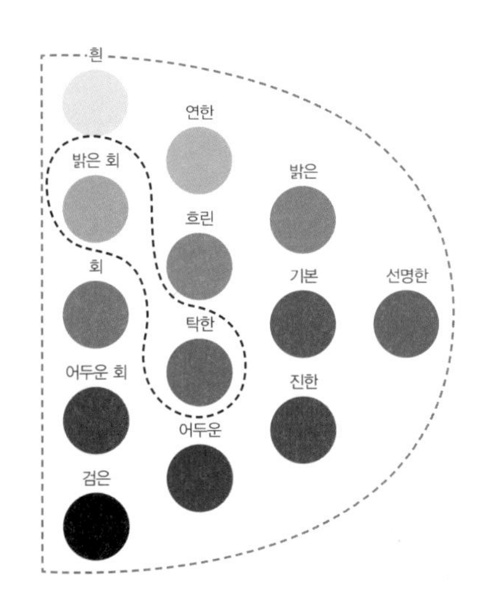

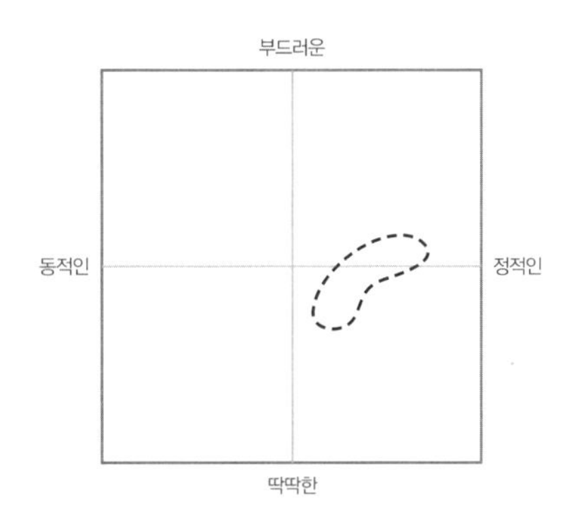

메인색상 | 붉은 보라색(rP)
보조색상 | 파란색(B), 주황색(YR)
톤 | 탁한 색조(dull)–밝은 회색조(light grayish)

Color Palette

각종 파티에 어울리는 2단 케이크. 메인색상인 보라(자주색에 가까운)를 탁한 색조, 밝은 회색조로 톤을 잡았다. 아이싱용 크림은 바이올렛 색소에 브라운 색소를 넉넉히 섞어 채도를 낮춰 회색을 띤 보라색으로 조색했다. 플라워용 크림은 로얄블루, 골든옐로우 색소로 만들고 브라운 혹은 블랙 색소를 섞어 채도를 낮춘다. 저채도의 색이 기품 있는 분위기를 만들어 부모님이나 은사에게 선물하기 좋은 케이크이다.

케이크 아이싱

Cake icing

레드벨벳 케이크 시트 3장
당근 케이크 시트 3장

애벌 아이싱하기

자세한 내용은 p62참고.

아이싱하기

자세한 내용은 p64 참고.

시트 단 올리기

1. 아이싱한 케이크 2개를 준비한다. 2단 케이크는 윗단과 아랫단 사이즈를 2호 정도 차이나게 만든다.

2. 윗단 아래를 스패출러로 받치고 반대편 손으로도 거든다.

3. 윗단을 아랫단 위에 올린다. 스패출러를 뺄 때 자국이 생기지 않도록 주의한다.

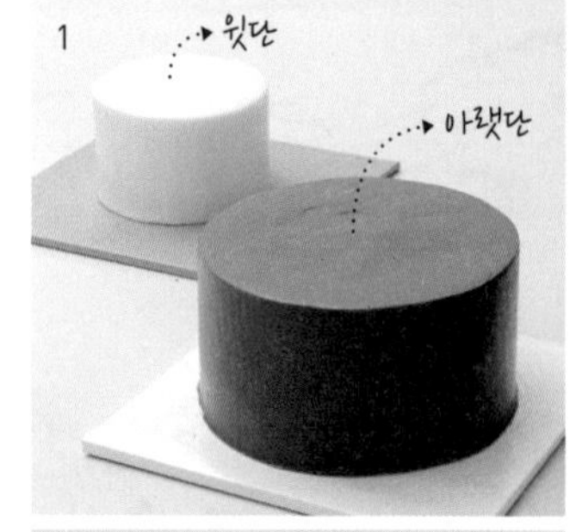

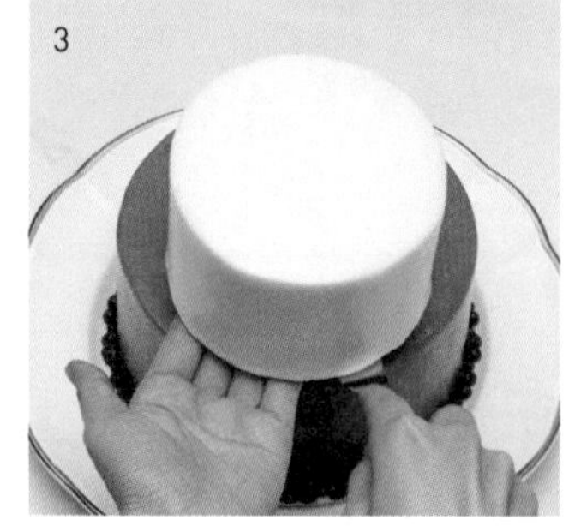

Flower tip

- 윗단을 옮길 때는 케이크 아래를 스패출러로 받쳐서 이동해요.
- 윗단을 옮긴 후에는 손을 먼저 빼고 스패출러는 천천히 뒤쪽으로 빼주세요.

꽃 만들기

Piping

1. 라넌큘러스

만드는 과정은 p112을 참고한다.

2. 핀 작약 #10, #3, #122

작약은 피는 형태에 따라 화형이 크게 바뀌는 꽃 중 하나. 핀 작약은 자칫하면 꽃이 지나치게 커지기 쉬우니 파이핑 할 때 전체 크기를 항상 체크하도록 한다.

베이스 만들기

1. 짤주머니로 네일 중앙에 작은 원 모양의 베이스를 만든다. 베이스의 지름은 약 1cm 정도가 적당하다.

팁 #10 | 짤주머니 수직 | 네일 고정

꽃술 만들기

2. 짤주머니를 잡은 오른손에 힘을 빼고 크림을 끊어내듯 파이핑해 3~5개 정도의 꽃술을 만든다. 꽃술의 높이는 꽃보다 약간 낮아야 한다.

팁 #3 | 짤주머니 수직 | 네일 고정

꽃잎 만들기

3. 짤주머니를 네일 기준 3시 방향에 놓고 포물선을 그리며 6시 방향까지 파이핑한다. 파이핑 중 손을 위아래로 움직여 작약 특유의 흩날리는 꽃잎을 표현한다. 베이스에서 팁이 떨어지지 않도록 주의하며 총 3번 파이핑한다.

팁 #122, 12시 방향 | 짤주머니 기본 | 네일 회전

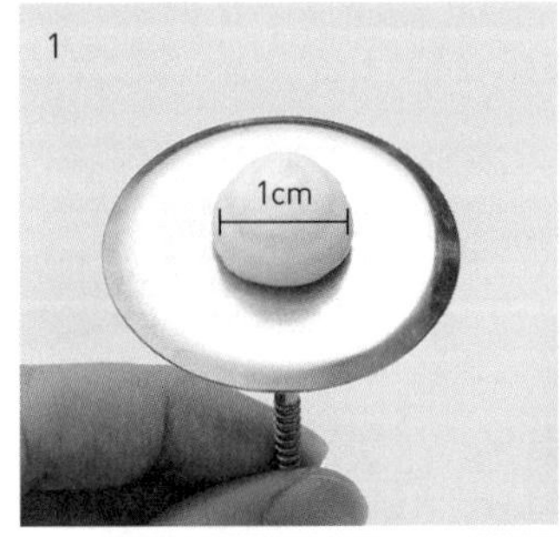

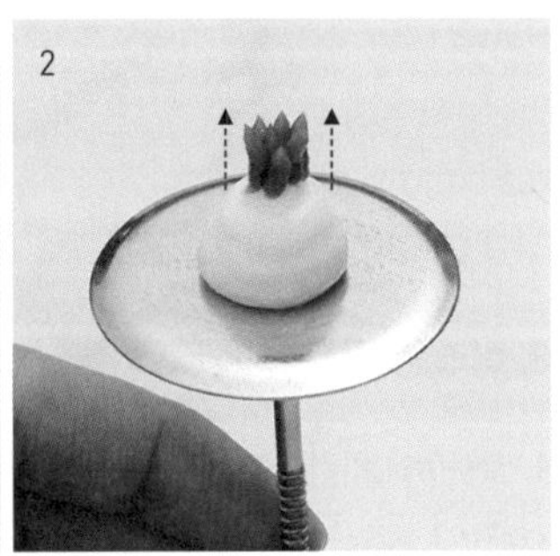

마무리

4. 원하는 크기와 모양이 나올 때까지 앞의 과정을 7번 이상 반복해 꽃잎을 더한다.

팁 #122, 1시 방향 | 짤주머니 기본 | 네일 회전

Flower tip

- 파이핑이 익숙한 경우 122번 팁으로 베이스를 만들어도 돼요.
- 작약의 꽃잎이 더해질수록 팁의 각도는 점점 바깥쪽으로 벌어지고 포물선의 길이는 길어져야 해요. 다른 꽃도 마찬가지랍니다.

3. 비즈 #2, #4

1. 짤주머니를 가볍게 눌러 작고 둥근 원 모양을 파이핑한다. 비즈는 케이크에 바로 파이핑한다.

팁 #2, 4 | 짤주머니 수직 | 케이크에 바로 파이핑

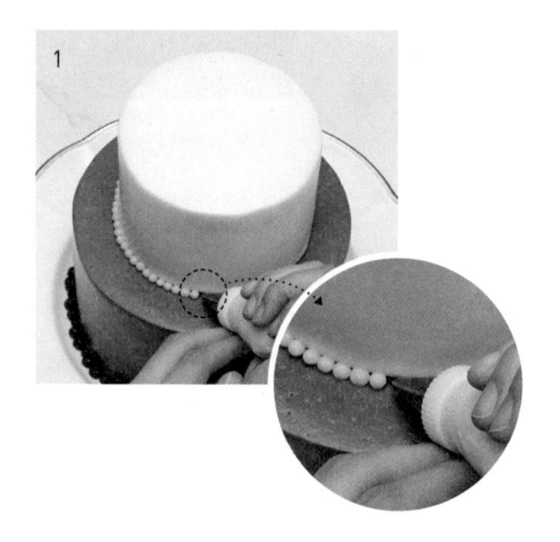

Flower tip

- 짤주머니를 잡은 손의 힘을 자연스럽게 빼면서 크림을 끊어내듯 파이핑하면 비즈의 모양 변형이 가능해요. 이때 짤주머니의 각도는 45°가 적당해요.
- 비즈를 만들 때는 원하는 사이즈에 따라 1~10번 팁까지 다양하게 선택할 수 있어요.

어레인지

Arrange

2단 케이크 어레인지

2단 케이크는 정해진 방식의 어레인지를 꼭 따르지 않아도 된다. 단, 2단 케이크의 중간에는 꽃을 과하지 않게 올려야 한다. 꽃이 지나치게 많을 경우 균형을 못 잡고 아래로 떨어질 수도 있으니 주의하자.

비즈 짜기

1. 케이크 윗단, 아랫단 모두 하단에 비즈를 짠다.

메인 꽃 올리기

2. 윗단 한쪽에 어레인지 크림을 짜고 라넌큘러스와 작약을 보기 좋게 놓는다.

꽃 채우기

3. 중간에 로즈나 라넌큘러스를 자연스럽게 놓는다.

4. 아랫단 하단에도 작약, 라넌큘러스를 자연스럽게 놓는다. 각 단의 꽃이 지그재그로 놓이도록 어레인지한다. 빈 공간에는 잎 혹은 베리를 파이핑한다.

Flower tip

- 케이크 정면에 보여주고 싶은 꽃을 중심으로 어레인지하세요.
- 케이크 중간에 놓는 꽃은 사이즈를 잘 골라야 해요. 꽃이 너무 크거나 혹은 많이 올릴 경우 아래로 떨어질 수 있어요.
- 비즈를 짜는 방법을 바꾸면 다양한 크기와 모습으로 연출할 수 있어요. 다른 모양으로도 응용해보세요.

레벨 ★★☆☆☆
시트 설기 떡케이크
색소 골든옐로우, 레드-레드, 브라운
팁 줄리엣로즈 #10, #103, #122
더스티밀러 #61

줄리엣 로즈와 더스티밀러

부케 어레인지 케이크

#고상한 #품위 있는 #중후한 #우아한

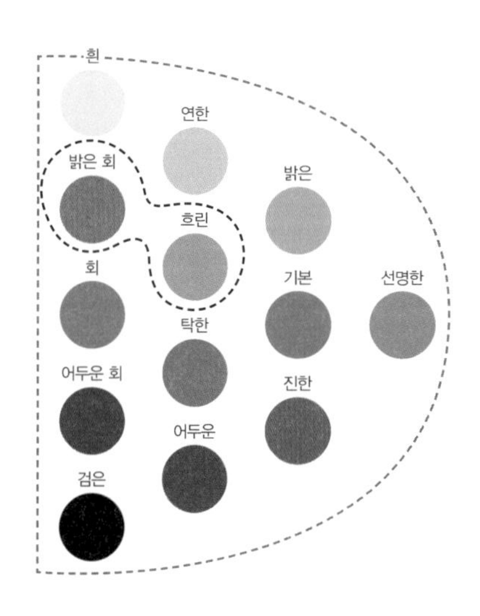

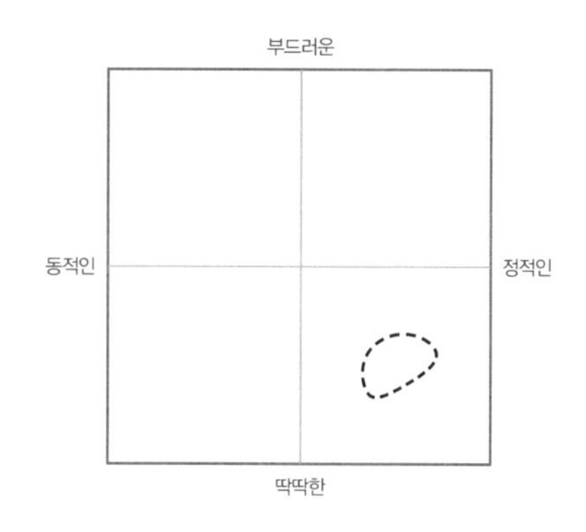

메인색상 | 주황색(YR)

보조색상 | 녹색(G)

톤 | 흐린 색조(soft)–밝은 회색조(light grayish)

Color Palette

소담한 느낌의 부케 어레인지 케이크. 메인색상인 주황을 흐린 색조, 밝은 회색조 등 중채도를 중심으로 톤을 잡았다. 앙금에 골든옐로우, 레드-레드 색소를 넣은 후 브라운 색소를 더해 채도를 낮추면 우아하고 부드러운 색을 낼 수 있다. 더스티밀러 역시 채도를 낮춰 차분하고 중후한 느낌을 더했다. 마무리로 선물 포장을 하듯 리본을 짜서 기념일, 상견례 등 격식을 차려야 하는 상황에 잘 어울리는 케이크이다.

꽃 만들기

Piping

1. 줄리엣 로즈

만드는 과정은 p136을 참고한다.

2. 더스티밀러 #61

더스티밀러는 하얀 눈을 맞은 것 같은 모습을 하고 있어 겨울 소재 부케에 주로 사용된다. 잎 특유의 하얀 느낌을 살리기 위해 조색 시 흰색으로 그러데이션을 주도록 한다. 이를 응용하면 램스이어와 같은 넓은 형태의 잎도 만들 수 있다.

베이스 만들기

1. 짤주머니를 네일 기준 6시 방향에 놓고 12시 방향까지 파이핑한다. 오른손을 자연스럽게 흔들어 주름을 더한다.

팁 #61, 12시 방향 | 짤주머니 수평 | 네일 고정

2. 앞과 똑같은 방법으로 12시 방향에서 6시 방향까지 파이핑한다.

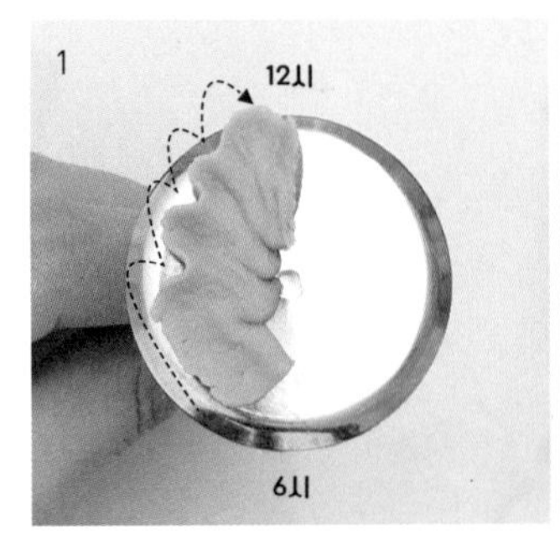

Flower tip

- 아이싱을 하지 않는 떡케이크예요. 설기 떡케이크 1개만 준비해요.
- 냉장고나 냉동고에서 얼린 후 사용할 예정이라면 유산지나 비닐을 네일 위에 깔고 파이핑하세요.

어레인지

Arrange

부케 어레인지

부케 어레인지는 케이크 윗면에 둥근 돔 형태로 꽃을 올리는 방법이다. 올리는 꽃의 개수가 적고 어레인지도 쉬운 편이기 때문에 초보자가 도전하기도 좋다. 단 꽃이 중앙에만 올려져 있어 케이크 가장자리가 그대로 드러나므로 아이싱을 할 경우 깔끔하게 마무리하도록 주의를 기울인다.

케이크 리본 짜기

1. 리본의 위치를 스패출러로 살짝 눌러 미리 표시하고 2B번 팁으로 균일한 간격의 리본을 짠다.

어레인지 크림 짜기

2. 케이크 중앙에 앙금크림을 짜되, 올릴 꽃의 수를 고려해 양을 조절한다.

메인 꽃 올리기

3. 케이크 정면에 놓고 싶은 줄리엣 로즈를 중심으로 어레인지한다. 줄리엣 로즈의 얼굴이 잘 보일 수 있도록 꽃가위의 각도를 조절해가며 꽃을 놓는다.

빈 공간 자연스럽게 채우기

4. 줄리엣 로즈의 방향을 고려해 빈 공간에 더스티밀러를 꽂는다. 냉동된 더스티밀러는 금방 녹으므로 위치를 정한 후 재빨리 어레인지한다.

레벨 ★★★☆☆

시트 흑임자 레이스 설기 떡케이크

색소 스카이 블루, 로얄 블루, 바이올렛, 블랙,
캘리그린, 브라운, 화이트, 레드-레드

팁 작약 #10, #122
핀 왁스플라워 #101, #3, #2,
수국 #104, #3
라즈베리 #2

작약과 수국

리스 어레인지 케이크

#모던한 #세련된 #깊은 #현대적인

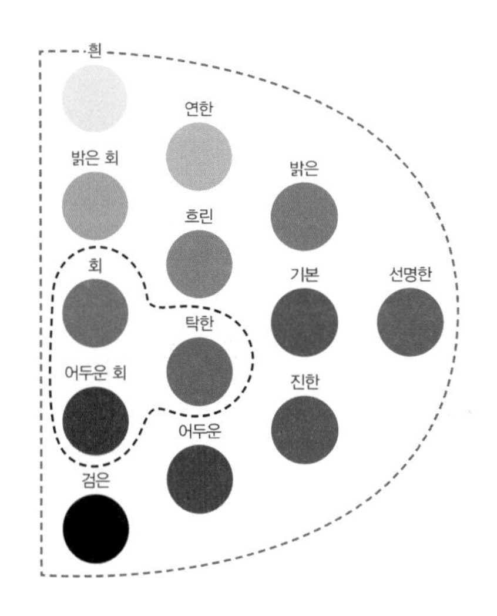

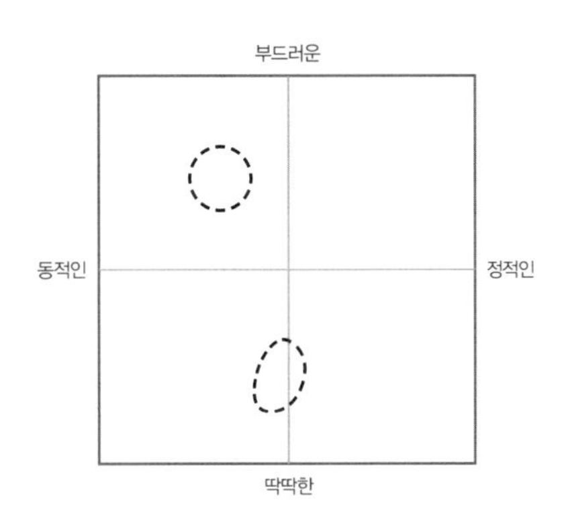

메인색상 | 남색(PB)과 남보라색(bP)
보조색상 | 흰색(Wh), 녹색(G)
톤 | 탁한 색조(dull)–회색조(grayish)–어두운 회색조(dark grayish)

Color Palette

균형 있는 모습이 돋보이는 리스 어레인지 케이크. 차가워 보이는 색은 보통 음식에 잘 사용하지 않으나 최근에는 디자인의 중요성이 높아져 파란색도 음식에 다양하게 활용되고 있다. 메인색상인 남색은 스카이 블루에 블랙 색소를 섞고 남보라색은 로얄 블루, 바이올렛, 블랙 색소를 함께 섞어 만들었다. 케이크 하단에는 흑임자를 넣은 쌀가루로 회색빛의 레이스 설기를 만들어 세련미를 주었다. 파랑, 남색은 30~40대 남성들이 전반적으로 선호하는 색으로 남성들도 좋아할 디자인의 케이크이다.

레이스 설기 만들기

Rice cake

멥쌀가루에 물 주기

p66(설기 떡케이크 중 과정 1~3번) 참고.
'물 주기'란 쌀가루에 수분을 더하는 과정. 떡의 식감을 좌우한다.

팬닝 후 시트에 레이스 무늬 만들기

1. 원형 무스틀(안쪽에 유지를 살짝 발라 준비)을 준비하고 흑임자를 넣은 쌀가루를 채운다. 팬닝이 깔끔하게 되어야 레이스 무늬가 잘 나온다.

2. 스푼을 준비하고 가장자리를 한 번씩 지그시 눌러 레이스 무늬를 준다.

3. 흑임자 쌀가루 위로 흰 쌀가루를 담고 윗면에 소복이 쌓인 쌀가루는 스크래퍼로 틀 밖으로 털어낸다.

4. 김이 오른 물솥에 무스틀을 올리고 약 20분간 찐다. 불을 끈 다음에는 그대로 5분 정도 뜸을 들인다.

꽃 만들기

Piping

1. 작약 #10, #122

p143의 핀 작약과는 모양이 다르니 주의한다. 실제 작약은 꽃잎이 약한 편이라 피기 시작하면 꽃잎이 금방 떨어지므로 대부분 완전히 피기 전에 사용한다. 이 페이지에서는 아직 피기 전 상태인 동그란 화형의 작약 만들기를 설명한다.

베이스 만들기

1. 짤주머니로 네일 중앙에 작은 원 모양의 베이스를 만든다. 베이스의 지름은 약 1cm 정도가 적당하다.

팁 #10 | 짤주머니 수직 | 네일 고정

꽃잎 만들기

2. 짤주머니를 네일 기준 3시 방향에 놓고 포물선을 그리며 6시 방향까지 파이핑한다. 파이핑 중 손을 위아래로 움직여 작약 특유의 꽃잎을 표현한다. 베이스에서 팁이 떨어지지 않도록 주의하며 총 3번 파이핑한다.

팁 #122, 11시 방향 | 짤주머니 기본 | 네일 회전

3. 원하는 크기와 모양이 나올 때까지 앞의 과정을 10번 이상 반복해 꽃잎을 더한다.

팁 #122, 12시 방향 | 짤주머니 기본 | 네일 회전

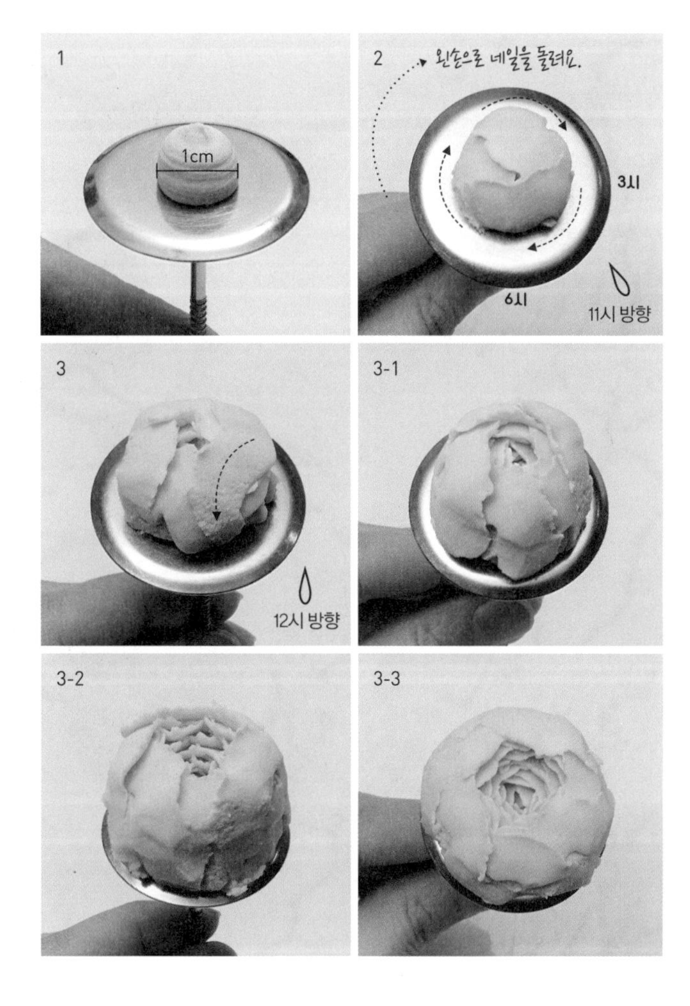

2. 수국 #104, #3

수국은 작은 꽃들이 모여 하나의 덩어리를 이룬다. 플라워케이크에서도 수국은 꽃을 하나하나 따로 사용하기보다는 한쪽에 덩어리의 형태로 모아 어레인지를 하는데 두 가지 이상의 색을 섞어 그러데이션을 하면 더욱 보기 좋다. 352번 팁과 104번 팁, 두 가지로 짤 수 있으나 이 책에서는 104번 팁을 이용한 방법을 소개한다.

베이스 만들기

1. 그러데이션한 앙금을 준비하고 네일 중앙에 직사각형으로 파이핑을 두 번 정도 한다.
팁 #104, 12시 방향 | 짤주머니 45° | 네일 고정

꽃잎 만들기

2. 베이스 위로 총 4개의 잎을 짠다. 짤주머니를 네일 기준 12시 방향에 놓고 지그시 누르며 잎 1개를 파이핑한다. 이어서 나머지 3개의 잎도 똑같이 만든다. 사진 **2-2**가 잎 3개를 만든 모습.

꽃술 만들기

3. 가운데에 작은 점 모양으로 파이핑한다.
팁 #3 | 짤주머니 수직 | 네일 고정

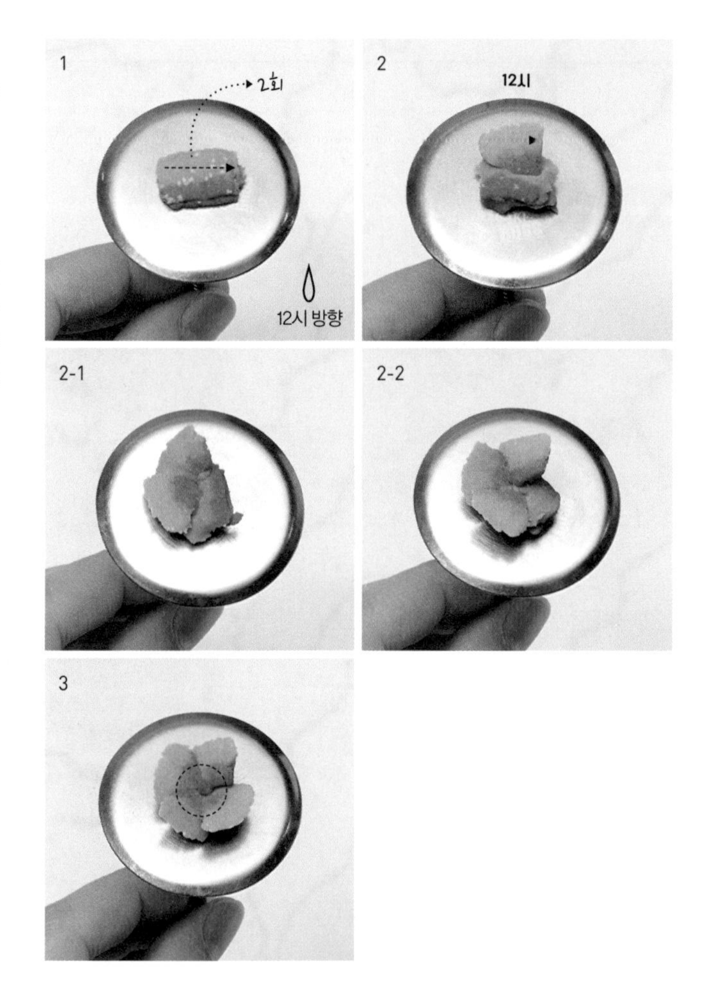

Flower tip ⊶ 수국은 케이크 위에 바로 파이핑해도 좋아요.

3. 핀 왁스 플라워 #101, #3, #2

왁스 플라워는 작고 앙증맞은 모양으로 생화에서도 자주 사용되는 '필러 플라워'이다. 어레인지한 꽃과 꽃 사이가 어색하거나 비어 있을 경우 사용하면 화사하면서 밝은 분위기를 줄 수 있다. 애플블로섬을 사용하기에는 공간이 부족하고 라이스플라워를 짜기에 공간이 넓은 경우에 사용하기 좋다.

꽃잎 만들기

1. 짤주머니를 네일 중앙에 놓고 제자리에서 포물선을 그리며 파이핑한다. 같은 방법으로 총 5번 파이핑해 꽃잎을 완성한다.

팁 #101, 12시 방향 | 짤주머니 10° | 네일 회전

수술 만들기

2. 짤주머니를 가볍게 눌러 중앙에 작은 점을 더해 수술을 만들고 2번 팁으로 이를 두르는 작은 점을 찍는다.

팁 #3(수술), #2 | 짤주머니 수직 | 네일 고정

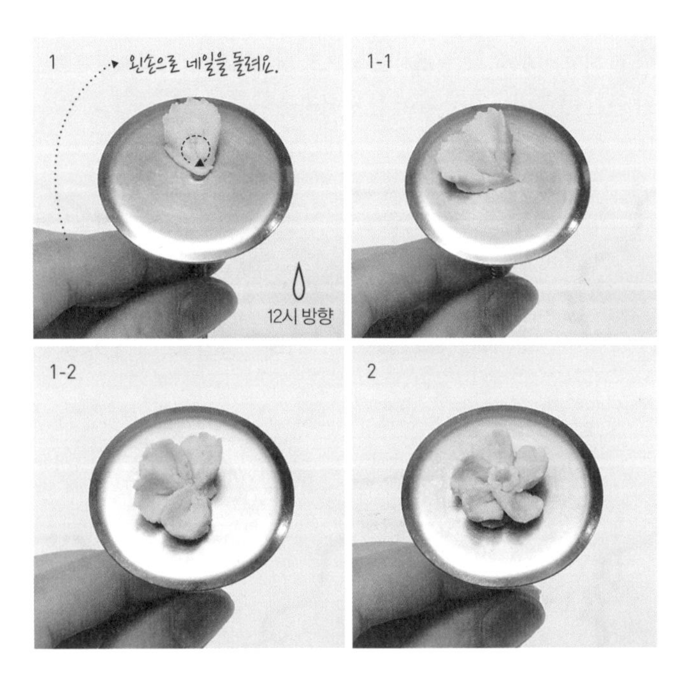

어레인지

Arrange

리스 어레인지

리스 어레인지는 가장자리를 모두 꽃으로 둘러주는 방법으로 꽃을 균형 있게 놓아야 안정감이 느껴진다. 그렇다고 해서 전부 똑같은 크기의 꽃으로 반복적인 어레인지를 하면 지나치게 정적인 느낌이 들 수 있으므로 중간 중간 큰 꽃이나 수국 같이 한 덩어리를 이루고 있는 꽃으로 변화를 주는 게 좋다.

어레인지 크림 짜기

1. 케이크의 가장자리에서 1.5cm 정도 안쪽으로 원을 그리듯 앙금을 짠다. 안쪽은 따로 채우지 않고 비워둔다.

메인 꽃 올리기

2. 케이크 정면에 메인 꽃을 3개 이상 올리고 색 조화를 생각하며 양옆에 꽃을 채운다. 수국은 한쪽으로 몰아 덩어리로 피어 있는 특유의 느낌을 살린다.

꽃 채우기

3. 마찬가지로 색 조화를 생각하며 나머지 꽃을 채운다. 사진은 꽃을 거의 다 채워준 모습.

빈 공간 자연스럽게 채우기

4. 빈 공간에 잎이나 봉오리, 왁스 플라워를 채워 마무리한다.

레벨 ★★☆☆☆

시트 한천 무스 , 설기 떡케이크

색소 레드-레드, 버건디, 캘리그린, 브라운

팁 작약 #10, #122
카네이션 #10, #104
왁스 플라워 #3, #81

카네이션과 왁스 플라워

부케 어레인지 무스 케이크

#화려한 #매혹적인 #성숙한 #장식적인

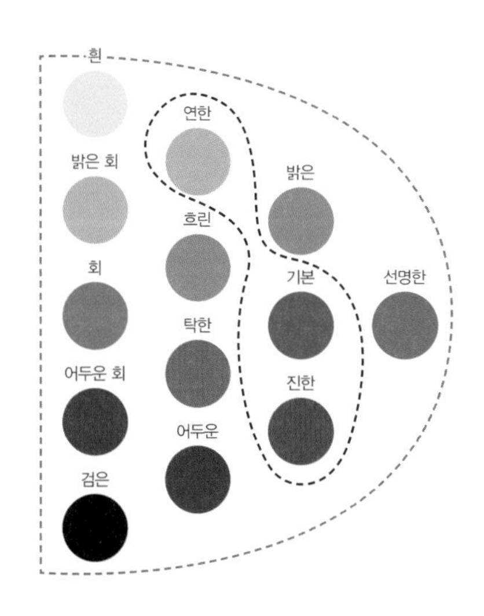

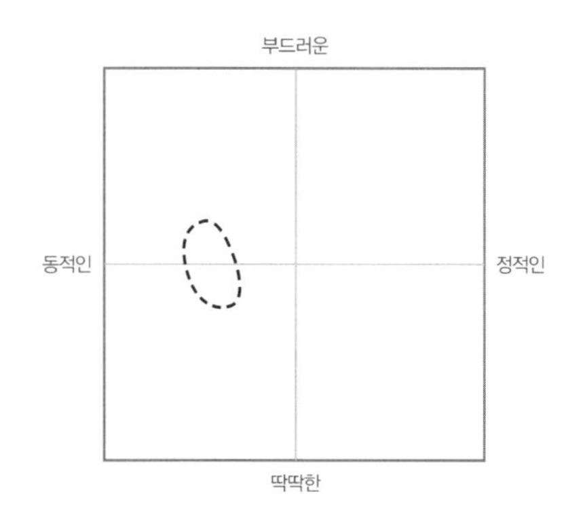

메인색상 | 자주색(RP)과 빨간색(R)
보조색상 | 녹색(G)
톤 | 기본 색조–진한 색조(deep)–연한 색조(pale)

Color Palette

감사한 마음을 담은 부케 어레인지의 한천 무스 케이크. 특별히 하트 무스틀을 이용해 만들었다. 메인색상인 자주와 빨강을 기본 색조, 진한 색조, 연한 색조로 톤을 잡았다. 앙금에 레드-레드, 버건디 색소를 진하게 조색해 고채도의 크림을 만들었다. 꽃이 많지는 않지만 색의 명도차를 크게 주어 시선을 집중시키고 화려한 느낌을 준다. 하얀 왁스 플라워를 케이크 중간에 두면 어두운 색상의 꽃이 붙어 보이는 것을 방지할 수 있다. 화려하고 아름다운 것을 좋아하는 젊은 여성들이 선호하는 케이크이다.

꽃 만들기

Piping

하트 설기, 한천 무스 만드는 법은 p66, p74을 참고한다.

1. 작약

만드는 과정은 p157을 참고한다.

2. 카네이션 #10, #104

카네이션은 5월이나 선물용으로 만드는 케이크 위에 빠지지 않는 꽃이다. 크게 파이핑하여 컵케이크 위에 올리기도 하고 앙금으로 짠 꽃만 따로 오븐에 구우면 쿠키로 활용할 수도 있다.

베이스 만들기

1. 구 모양의 베이스를 만든다. 베이스 높이는 1.5cm 정도가 적당하다.

팁 #10 | 짤주머니 수직 | 네일 고정

꽃잎 만들기

2. 붉은색 앙금을 담은 짤주머니를 준비하고 베이스를 둘러 숫자 3을 그리며 파이핑해 잎을 만든다.

팁 #10 | 짤주머니 수직 | 네일 회전

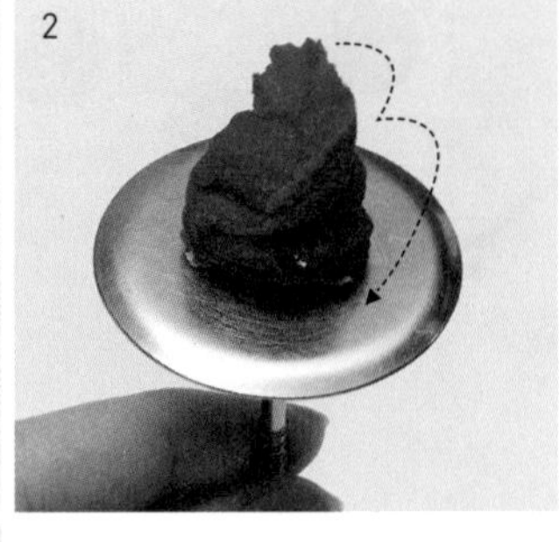

3. 짤주머니를 베이스 상단 중앙에 놓고 숫자 3을 그리며 네일 기준 6시 방향까지 파이핑한다. 중앙에 십자 모양이 생길 수 있도록 같은 방법으로 3~4회 파이핑한다.

팁 #104, 12시 방향 | 짤주머니 기본 | 네일 회전

4. 앞서 짠 잎보다 낮은 위치에 숫자 3을 그리며 6시 방향까지 총 3~4번 파이핑한다.

팁 #104, 1시 방향 | 짤주머니 60° | 네일 회전

5. 조금 더 낮은 위치에 앞과 같은 방법으로 숫자 3을 그리며 6시 방향까지 총 3~4번 파이핑한다.

팁 #104, 1시 방향 | 짤주머니 30° | 네일 회전

마무리

6. 끝으로 베이스 하단에 숫자 3을 그리며 3~4회 파이핑해 마무리한다.

팁 #104, 2시 방향 | 짤주머니 수평 | 네일 회전

Flower tip ◦ 파이핑이 익숙한 경우 104번 팁으로 베이스를 만들어도 돼요.

3. 왁스 플라워 #3, #81

p159의 핀 왁스 플라워와는 모양이 다르니 주의한다. 이 페이지에서는 꽃이 완전히 피기 전 봉오리를 터트릴 무렵의 왁스 플라워 만들기를 설명한다.

베이스 만들기

1. 작은 원 모양의 베이스를 만든다.

팁 #3 | 짤주머니 수직 | 네일 고정

꽃잎 만들기

2. 팁을 베이스 오른쪽에 밀착하고 앙금을 짧게 파이핑한다. 이와 같은 방법으로 베이스 둘레에 3~5회 파이핑한다.

팁 #81, 3시 방향 | 짤주머니 수직 | 네일 고정

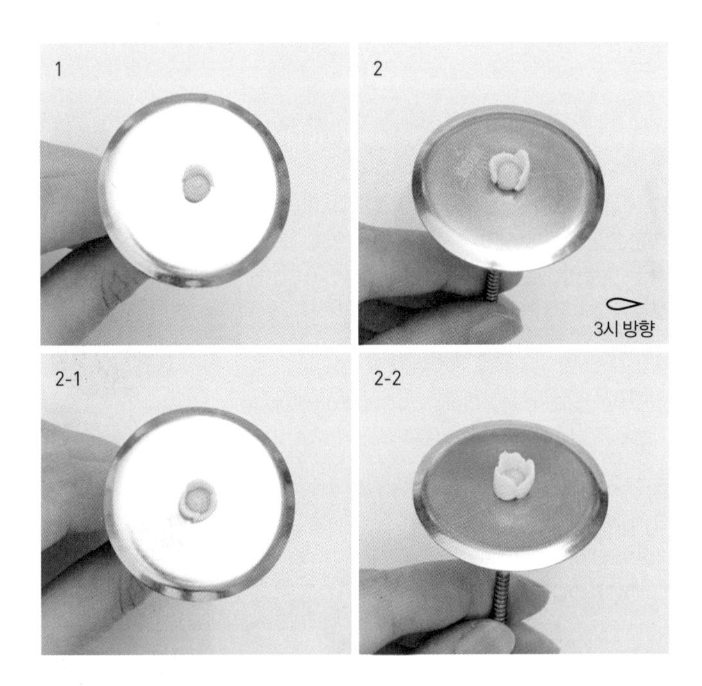

tip 한천 무스에 색을 더하고 어레인지를 변형해서 다양한 디자인의 케이크를 만들어보세요.

어레인지

Arrange

부케 어레인지

앞에서 나온 줄리엣 로즈와 더스티밀러 케이크에 쓰인 것과 똑같은 부케 어레인지 방법이다. 단, 이번에는 하트 모양의 케이크에 맞춰 중앙이 아닌 한쪽에만 꽃을 올렸다. 카네이션, 로즈 등의 색이 진한 편이기 때문에 케이크를 꽃으로 다 덮지 않아도 충분히 화려해 보인다.

어레인지 크림 짜기

1. 케이크 한쪽에 어레인지 크림을 짠다. 한천은 표면이 미끄러우니 앙금이 밀리지 않도록 주의한다.

꽃 채우기

2. 카네이션과 작약, 줄리엣 로즈를 균형이 맞도록 놓아준다.

메인 꽃 올리기

3. 케이크 상단에 꽃을 놓아 전체적으로 봉긋한 돔 모양이 되도록 어레인지한다.

빈 공간 자연스럽게 채우기

4. 빈 공간에 왁스 플라워와 잎을 채워 마무리한다.

레벨 ★★★☆☆
시트 라이스 제누아즈
색소 캘리그린, 브라운, 골든옐로우, 블랙, 레드-레드
팁 다육이, 솔방울 #59
선인장 #10, #352, #2, #1

다육이와 선인장, 솔방울

자유 어레인지 케이크

#남성적인 #드라이한 #딱딱한

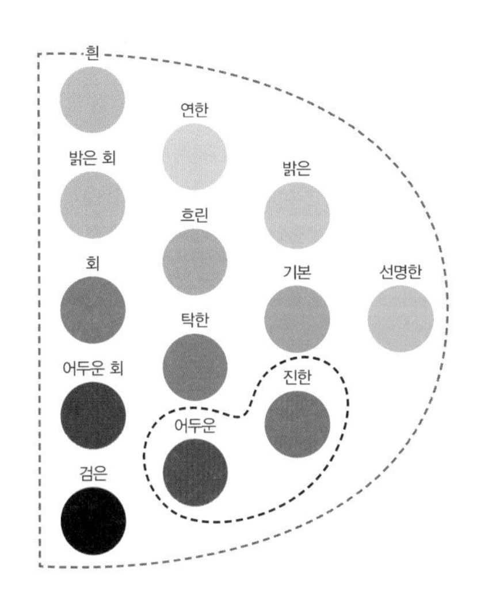

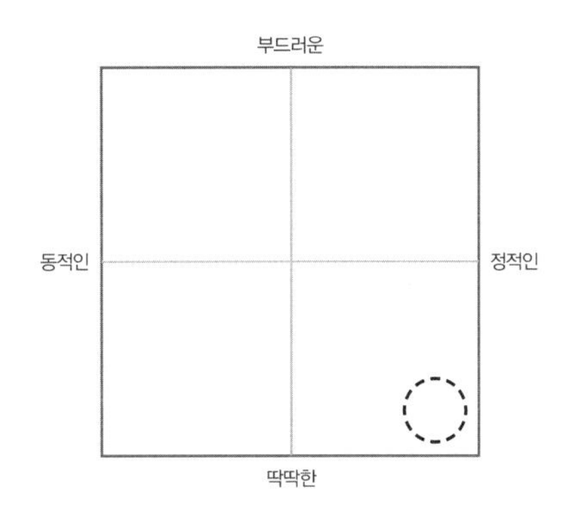

메인색상 | 연두색(GY), 녹색(G)
보조색상 | 빨간색(R)
톤 | 진한 색조(deep)–어두운 색조(dark)

Color Palette

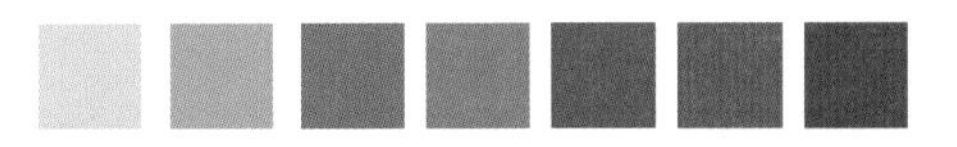

거친 질감의 화기에 선인장과 다육이를 가드닝한 콘셉트의 케이크. 메인색상인 연두와 녹색을 진한 색조와 어두운 색조로 톤을 잡았다. 앙금에 캘리그린, 브라운 색소를 넣고 조색해 선인장, 다육이의 짙은 색을 표현한다. 이렇게 어두운 톤으로 딱딱하고 마른 느낌이 잘 드러날 수 있다. 솔방울 색은 브라운이나 골든옐로우 색소에 블랙 색소를 더해 만든다. 녹색과 갈색의 혼합은 남성다움을 표현하나 선인장과 다육이는 디자인에 따라 귀엽고 깜찍한 이미지로 표현할 수도 있다.

케이크 아이싱

Cake icing

라이스 제누아즈 시트 3장

라이스 제누아즈 만들기

자세한 내용은 p70 참고.

애벌 아이싱하기(앙금크림)

자세한 내용은 p62 참고.

아이싱하기(앙금크림)

자세한 내용은 p64 참고.

1. 애벌 아이싱을 한 라이스 제누아즈를 준비하고 케이크 윗면에 가장자리를 둘러 사진과 같이 크림을 짠다.

2. 옆면에 크림을 넉넉히 바르고 거친 느낌으로 정리한다. 윗면도 옆면과 마찬가지로 만든다.

3. 화분의 느낌을 살리기 위해 쌀 크로칸트를 뿌려준다. 혹은 흰색 색소를 넣은 앙금으로 조약돌을 짜도 좋다.

꽃 만들기

Piping

1. 다육이 #59

다육이는 플라워케이크 디자인이 다양해지면서 많은 인기를 얻은 파이핑 기법이다. 다육이는 모양과 색상이 매우 다양해 파이핑 역시 여러 가지 방법으로 응용할 수 있다. 짙은 녹색이나 갈색, 흐린 보라색 등을 사용하면 다육이 특유의 느낌을 더 확실하게 살릴 수 있다.

1단 만들기

1. 짤주머니를 네일 중앙에서 2시 방향으로 사선으로 파이핑한다. 짤주머니를 시계 방향으로 이동해가며 앞과 똑같이 5~6번 정도 파이핑한다.

팁 #59, 12시 방향 | 짤주머니 30° | 네일 고정

2단 만들기

2. 2단도 1단과 똑같이 만든다. 1단보다 좀 더 작게 5번 정도 파이핑한다.

팁 #59, 12시 방향 | 짤주머니 45° | 네일 고정

3단 만들기

3. 3단도 마찬가지로 똑같이 만들되 좀 더 작게 2~3번 정도 파이핑한다.

팁 #59, 12시 방향 | 짤주머니 60° | 네일 고정

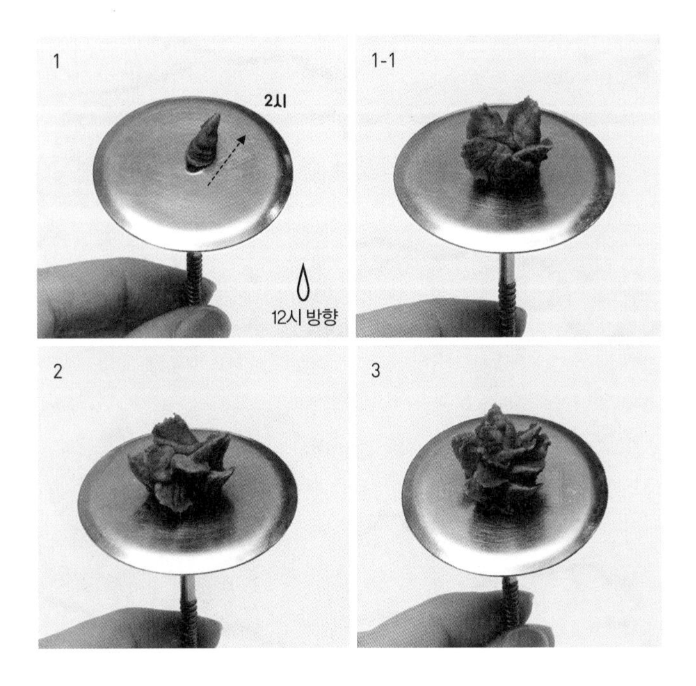

Flower tip

- 61번 팁으로 파이핑하면 더 큰 사이즈의 다육이를 만들 수 있어요.
- 냉장고나 냉동고에서 얼린 후 사용할 예정이라면 유산지나 비닐을 네일 위에 깔고 파이핑하세요.

2. 선인장 #10, #352, #1, #2

선인장 역시 다육이와 비슷한 시기에 인기를 끈 파이핑 기법이다. 보기와는 다르게 짜는 방법이 매우 쉽고 적은 개수로도 케이크에 재미있는 효과를 줄 수 있다. 선인장 윗부분에 채도가 높은 빨간색이나 노란색의 작은 열매를 짜면 더 귀여운 느낌이 난다.

베이스 만들기

1. 짤주머니로 돔 모양의 베이스를 만든다. 베이스의 높이는 약 2cm 정도가 적당하다.

팁 #10 | 짤주머니 수직 | 네일 고정

선인장 만들기

2. 짤주머니를 네일 기준 3시에 놓고 베이스를 따라 상단 중앙까지 파이핑한다. 위에서 봤을 때 십자 모양이 되도록 4번 파이핑한다.

팁 #352, 12시 방향 | 짤주머니 수평→수직 | 네일 고정

3. 남은 빈 공간도 모두 **2**와 똑같이 파이핑해 선을 만들어준다. 모두 파이핑한 다음 튀어나온 크림은 꽃가위로 가볍게 정리한다.

팁 #352, 12시 방향 | 짤주머니 수평→수직 | 네일 고정

가시 만들기

4. 3에서 짠 선을 따라 1번 팁으로 촘촘하게 작은 점을 더해 선인장의 가시를 표현한다.

팁 #1 | 짤주머니 기본 | 네일 고정

마무리

5. 상단에 작은 열매를 짜 마무리한다.

팁 #2 | 짤주머니 수직 | 네일 고정

Flower tip ⊶ 베이스의 모양에 따라 선인장의 전체 외형이 달라져요. 베이스를 짧고 통통하게 만들어야 선인장을 짜기도 쉽고, 모양도 보기 좋아요.

3. 솔방울 #59

솔방울은 책의 내용과 같이 선인장, 다육이와 함께 어레인지할 수도 있고, 크리스마스 같이 겨울 분위기가 나는 케이크에 사용해도 좋다. 흰색 크림으로 그러데이션을 주며 만들면 마치 내리는 눈을 맞은 듯한 느낌의 솔방울을 완성할 수 있다.

1단 만들기

1. 짤주머니를 네일 중앙에 놓고 제자리에서 포물선을 그리며 파이핑한다. 같은 방법으로 5~6번 반복한다.

팁 #59, 12시 방향 | 짤주머니 수평 | 네일 회전

2~5단 만들기

2. 솔방울의 크기와 수를 줄여가며 2~5단도 1단과 똑같이 만든다.

팁 #59, 12시 방향 | 짤주머니 수평 | 네일 회전

어레인지

Arrange

자유 어레인지

어레인지는 블로섬, 부케 등의 정해진 방식을 꼭 따라야만 하는 것은 아니다. 정해진 규칙 없이 본인만의 방식대로 만들어도 좋다. 대신 원하는 대로 자유롭게 어레인지를 할 때는 부피가 큰 대상을 먼저 놓아서 기본 구도를 잡고 시작한다.

메인 꽃 올리기

1. 크로칸트 위에 메인이 될 다육이를 올려준다. 크로칸트가 없다면 흰색 앙금크림으로 조약돌을 짜도 좋다.

빈 공간 채우기

2. 색 조화를 생각하며 다육이 주변에 선인장과 솔방울을 자연스럽게 배치한다.

마무리하기

3. 심심해 보일 수 있는 케이크판 위도 꾸며준다.

레벨 ★★★★★

시트 라이스 제누아즈

색소 골든옐로우, 레몬옐로우, 레드-레드, 블랙, 바이올렛, 버건디, 캘리그린

팁 동백 #3 #10, #104
프리지어 #10, #61
라넌큘러스 #10, #61
오션송 로즈 #10, #118
바구니 #18

프리지어와 동백

바스켓 어레인지 케이크

#생동감 있는 #선명한 #눈에 띄는

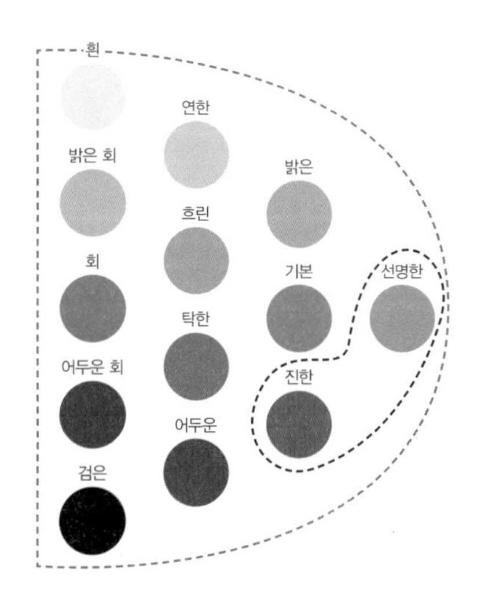

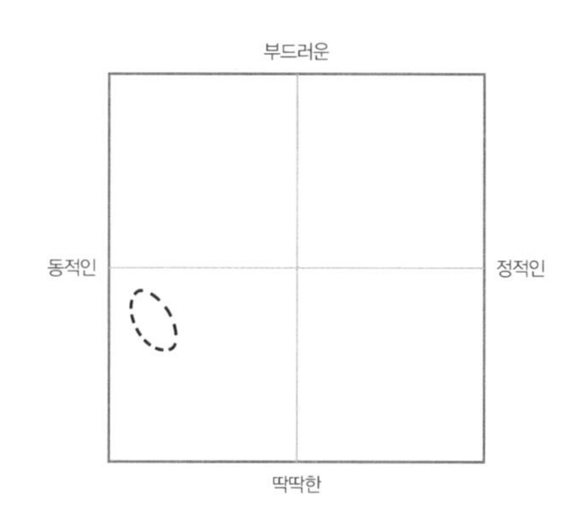

톤 | 선명한 색조(vivid)–진한 색조(deep)

Color Palette

나무를 엮어 만든 바구니에 꽃을 가득 담은 케이크. 메인색상은 따로 정하지 않고 비슷한 비율로 여러 색을 사용했고 모두 선명하고 진하게 톤을 잡았다. 프리지어는 골든옐로우와 레몬옐로우 색소를 사용해 비비드한 노란색으로, 동백꽃은 레드-레드에 블랙 색소를 약간 섞어 만든 짙은 빨간색을 사용했다. 오션송 로즈와 라넌큘러스도 바이올렛, 버건디, 캘리그린 등을 사용해 조색하고 블랙 색소를 넣어 완성했다. 구성하는 꽃의 색에 따라 젊은 층부터 중년층까지 폭넓게 어필할 수 있다.

케이크 아이싱

Cake icing

라이스 제누아즈 시트 3장

라이스 제누아즈 만들기

자세한 내용은 p70 참고.

애벌 아이싱하기(앙금크림)

자세한 내용은 p62 참고.

바구니 짜기(앙금크림)

1. 케이크 옆면을 같은 간격으로 5회 나눈다. 스패출러로 선을 그은 다음 첫 번째 세로선을 따라 18번 팁으로 크림을 짠다.

2. 사진과 같이 가로선을 그으며 케이크 윗면과 수평이 되도록 짠다.

3. 사진과 같이 가로선과 세로선을 교차해 짠다. 케이크 옆면 모두 똑같이 작업한다.

4. 케이크 상단을 사진과 같이 짜서 보기 좋게 마무리한다.

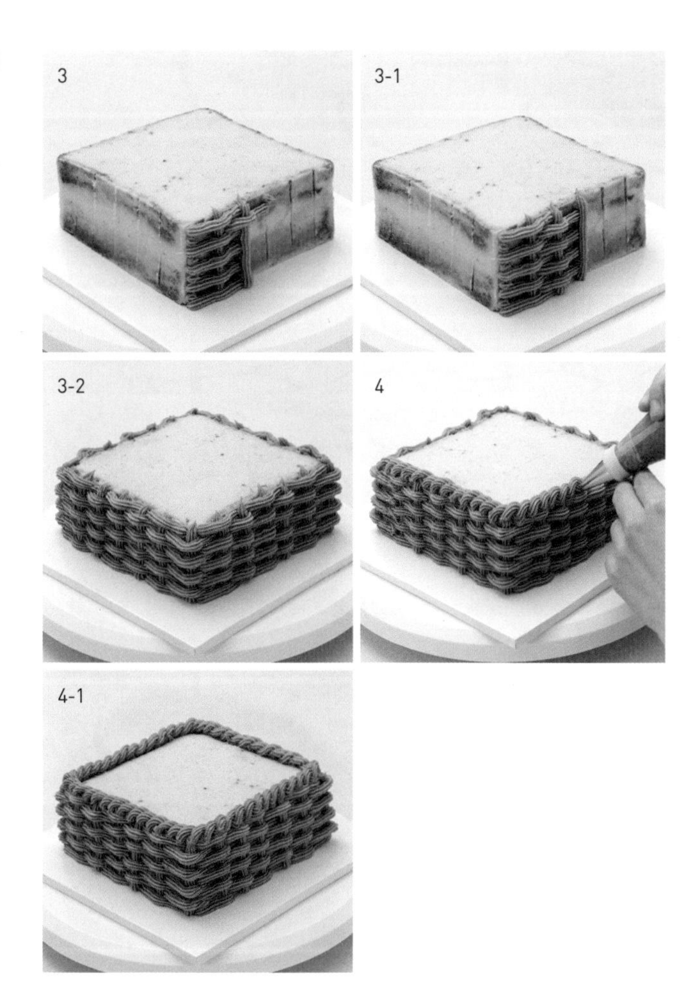

꽃 만들기

Piping

1. 동백 #10, #104, #3

동백은 로즈와 짜는 방법이 비슷하다. 다만 잎이 긴 편이므로 왼손으로 네일을 길게 돌리는 편이 좋다. 동백에 대해 사람들이 주로 기대하는 색이 있기 때문에 특유의 빨간색으로 잎을, 노란색으로 꽃술을 짜는 것이 무난하다.

베이스 만들기

1. 원뿔 모양의 베이스를 만든다. 베이스의 높이는 1cm 정도가 적당하다.

팁 #10 | 짤주머니 수직 | 네일 고정

2. 왼손으로 네일을 돌리면서 짤주머니로 베이스를 2번 감아 짠다. 상단은 꽃술을 짜야 하므로 비워두고 전체적으로 원뿔 형태를 유지할 수 있게 작업한다.

팁 #104, 11시 방향 | 짤주머니 기본 | 네일 회전

꽃잎 만들기

3. 짤주머니를 12시 방향으로 기울인 다음 왼손으로 네일을 돌리면서 작은 포물선을 그리며 파이핑한다. 베이스에서 팁이 떨어지지 않도록 주의하며 총 3번 파이핑한다.

팁 #104, 12시 방향 | 짤주머니 기본 | 네일 회전

4. 짤주머니를 조금 더 눕혀 1시 방향으로 기울이고 앞과 똑같이 파이핑한다. 포물선의 높이는 앞서 짠 꽃잎과 같아야 한다. 원하는 모양이 나올 때까지 3~4회 파이핑한다.

팁 #104, 1시 방향 | 짤주머니 기본 | 네일 회전

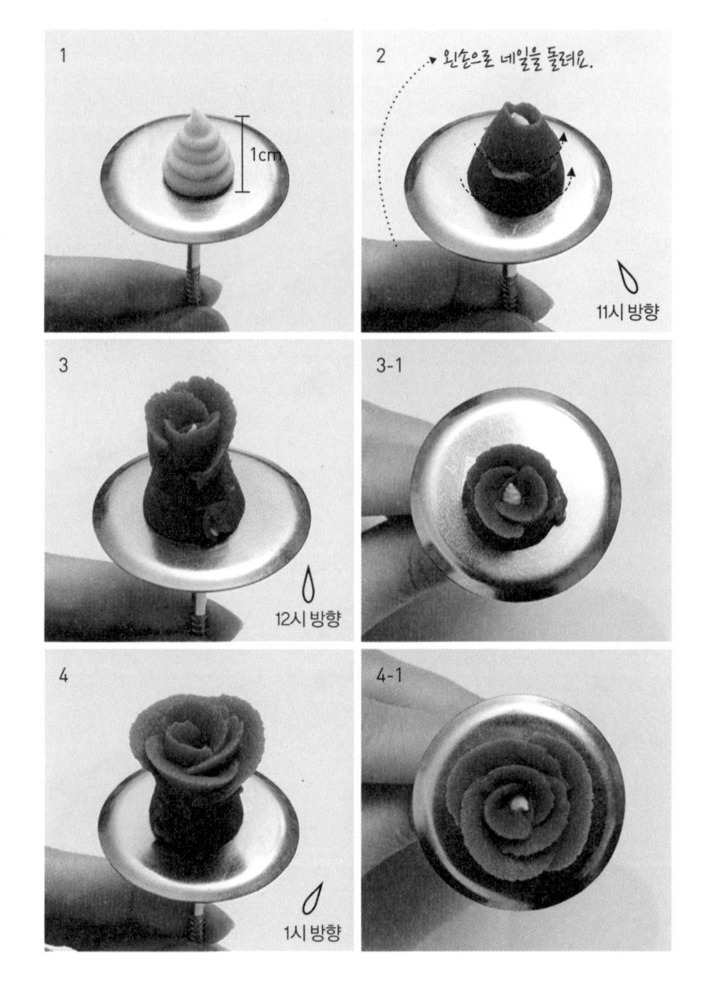

꽃술 만들기

5. 짤주머니를 잡은 오른손에 힘을 빼고 크림을 끊어내듯 파이핑해 3~5개 정도의 꽃술을 만든다. 꽃술의 높이는 꽃보다 약간 낮은 것이 보기 좋다.

팁 #3 | 짤주머니 수직 | 네일 고정

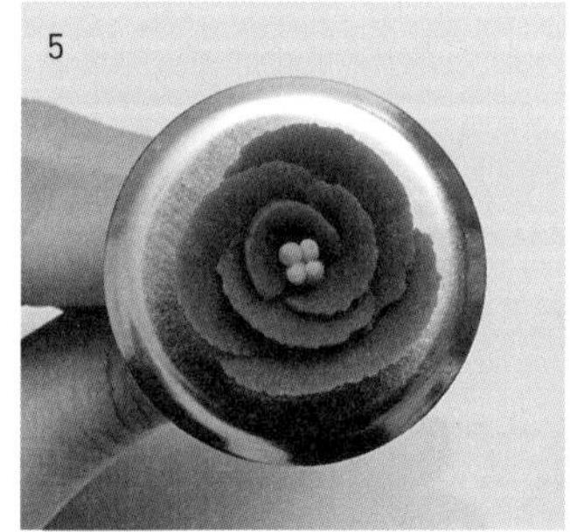
5

5-1

Flower tip

- 104번 팁 대신 103번 팁을 사용하면 더 작은 사이즈의 동백을 짤 수 있어요.
- 베이스를 만든 후 꽃잎보다 꽃술을 먼저 짜도 돼요.

2. 프리지어 #10, #61

프리지어는 흰색, 보라색 등 다양한 색이 있다. 하지만 동백과 마찬가지로 사람들이 기대하는 색이 있기 때문에 주로 노란색을 사용해 파이핑을 한다. 꽃이 모여 피는 필러 플라워의 특성상 크게 짜는 것보다 작게 파이핑하여 케이크에 올망졸망하게 어레인지를 하도록 한다.

베이스 만들기

1. 원뿔 모양의 베이스를 만든다. 베이스의 높이는 1cm 정도가 적당하다.

팁 #10 | 짤주머니 수직 | 네일 고정

꽃잎 만들기

2. 짤주머니를 네일 기준 3시 방향에 놓고 포물선을 그리며 5시 방향까지 짧게 파이핑한다. 파이핑 중 베이스에서 팁이 떨어지지 않도록 주의하고 총 3번 파이핑한다.

팁 #61, 12시 방향 | 짤주머니 기본 | 네일 고정

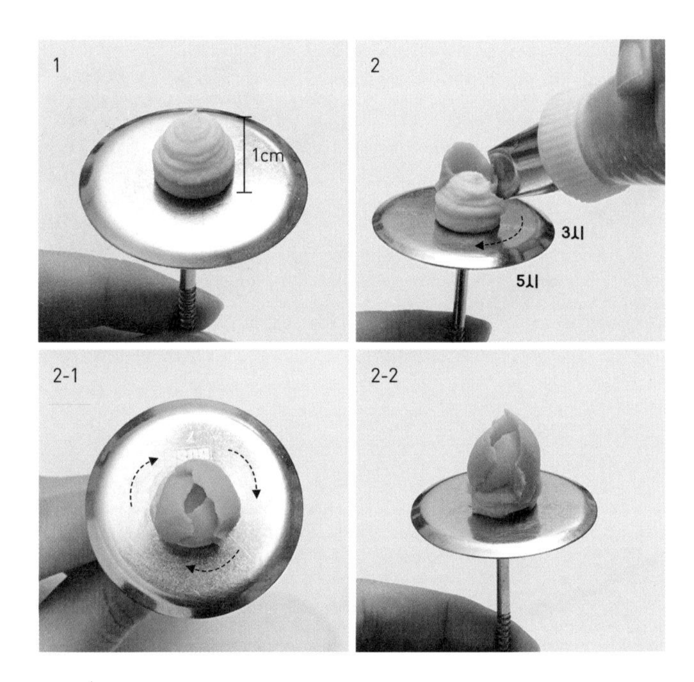

3. 앞과 같은 방법으로 3~4번 파이핑한다.

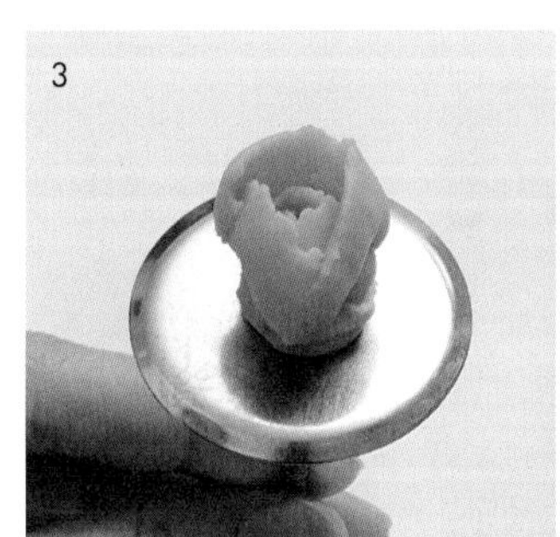
3

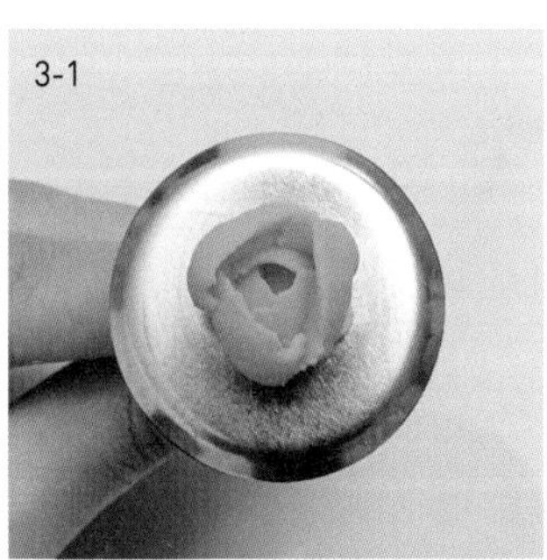
3-1

Flower tip

- 파이핑 시 간격이 좁고 높은 포물선을 그려야 프리지어 특유의 화형을 만들 수 있어요. 이 화형에 익숙해지기까지 많은 연습이 필요해요.

3. 라넌큘러스

만드는 과정은 p112을 참고한다.

4. 오션송 로즈

만드는 과정은 p134을 참고한다.

어레인지

Arrange

플라워 바스켓 어레인지

케이크에 바스켓 파이핑을 한 다음 꽃을 올려 어레인지한다. 크게 4종류의 꽃을 각각 배치하는데 화형이 작은 꽃은 앞에, 화형이 큰 꽃은 뒤에 놓아야 균형이 맞다. 다양한 종류와 색의 꽃을 올려 생동감 넘치는 어레인지를 완성해보자.

어레인지 크림 짜기

1. 케이크를 네 등분하고 각각 크림을 짠다. 꽃을 돔 형식으로 올릴 것이기 때문에 둥근 형태로 크림을 짜야 한다.

앞쪽 꽃 올리기

2. 작은 꽃부터 앞에 배치한다. 전체적으로 봉긋한 돔 모양이 되도록 어레인지한다.

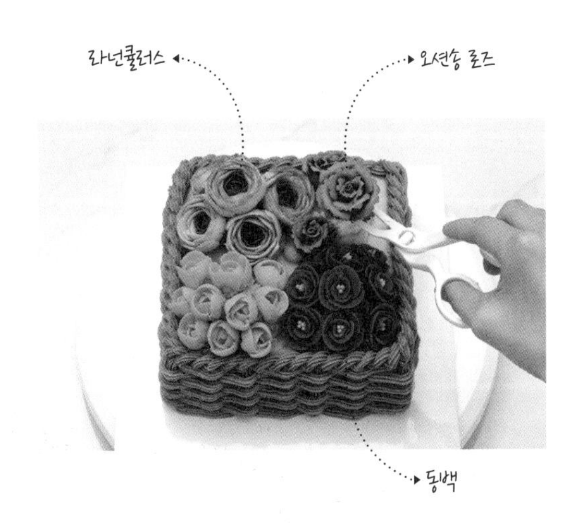

뒤쪽 꽃 올리기

3. 앞을 프리지어와 동백으로 채우고 뒤에는 화형이 큰 오션송 로즈와 라넌큘러스를 배치한다.

빈 공간 자연스럽게 채우기

4. 빈 공간에 봉오리와 열매를 파이핑해 케이크의 완성도를 높인다.

레벨 ★★★☆☆
시트 화이트 제누아즈
플라워 미레나 로즈, 다정큼나무

미레나 로즈

#선명한 #열정적인 #생동감 있는 #강한

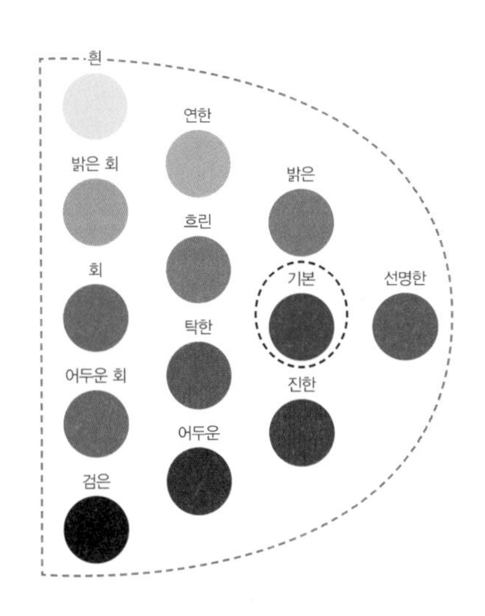

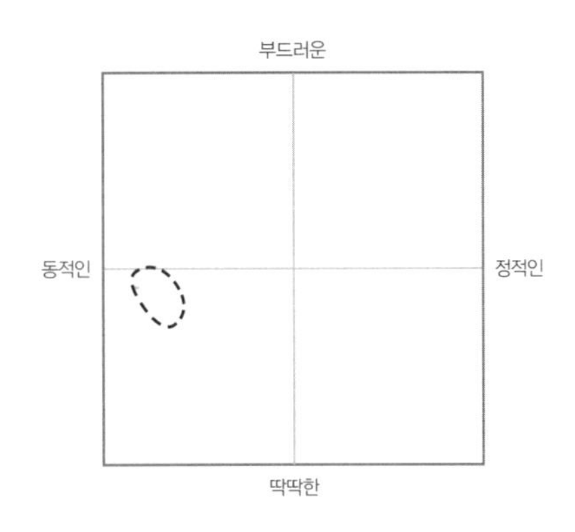

메인색상 | 빨간색(R)
보조색상 | 녹색(G), 검은색(Bk)
톤 | 기본 색조

Color Palette

기본 아이싱에 매스 플라워와 그린 소재를 하나씩 선택한 케이크. 메인색상인 빨강을 기본 색조로 톤을 잡았다. 선명한 빨간색이 강렬한 미레나 로즈와 짙은 녹색의 다정큼나무가 시선을 집중시킨다. 다정큼나무는 가지가 곧게 뻗어 있어 강하고 기운 찬 느낌을 더한다. 전체적으로 빨간색과 녹색의 보색 배색이 어우러져 생동감 넘치는 이미지를 전달한다. 붉은 로즈의 꽃말은 '열정적인 사랑'과 '아름다움'이므로 사랑하는 이에게 마음을 전하게 좋은 케이크이다.

케이크 아이싱

Cake icing

아이싱하기

자세한 내용은 p64 참고.

꽃 고르기

Fresh flower selecting

케이크 시트 대신 흰 설기 떡케이크 위에 꽃을 어레인지해도 좋아요.

어레인지

Arrange

생화 케이크는 외국에서 큰 인기를 누리고 있는 케이크 중 하나이다. 최근에는 우리나라에서도 하우스 웨딩, 스몰 웨딩의 인기와 더불어 생화 케이크에 대한 관심이 커지고 있다. 전문적인 화훼 장식 방법을 알고 있다면 더 좋겠지만, 생화 케이크는 그렇지 못해도 꽃이 지닌 아름다움을 그대로 살려 만들 수 있어 누구나 자신 있게 어레인지를 시도할 수 있다.

케이크 준비하기

1. 아이싱한 케이크를 준비한다.

꽃 올리기

2. 화형이 큰 미레나 로즈를 가장 눈에 띄는 위치(포컬 포인트)에 놓는다.

TIP 본래 생화 어레인지의 경우 먼저 그린 소재를 꽂아 전체 골격을 잡지만, 생화 케이크는 그린 소재보다 꽃에 더 큰 비중을 두었기 때문에 메인 꽃을 먼저 놓는 것부터 시작하였습니다.

꽃 올리기

3. 미레나 로즈와 다정큼나무 약간을 더해 볼륨감을 준다.

그린 소재 올리기

4. 빈 공간에 다정큼나무를 추가해 케이크를 완성한다.

Flower tip ⊸ 하얀 떡 케이크 시트를 준비하고 앞과 똑같이 미레나 로즈로 어레인지해도 좋아요.

레벨 ★☆☆☆☆
시트 화이트 제누아즈
플라워 카라루나 로즈, 카탈리나 로즈, 레드베리, 레몬트리

카라루나 로즈와 레몬트리

#경쾌한 #생기발랄한 #활달한 #유쾌한

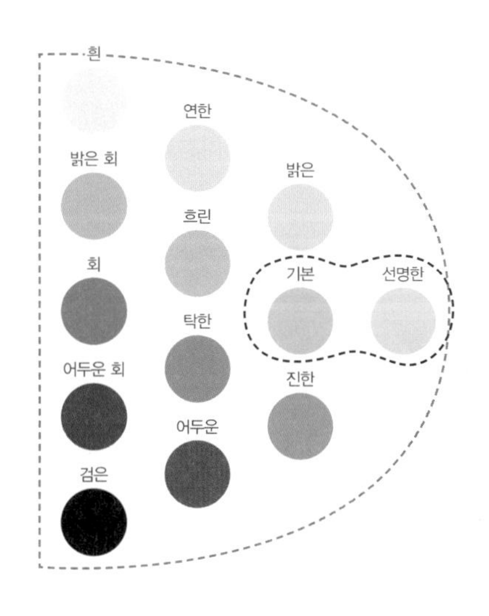

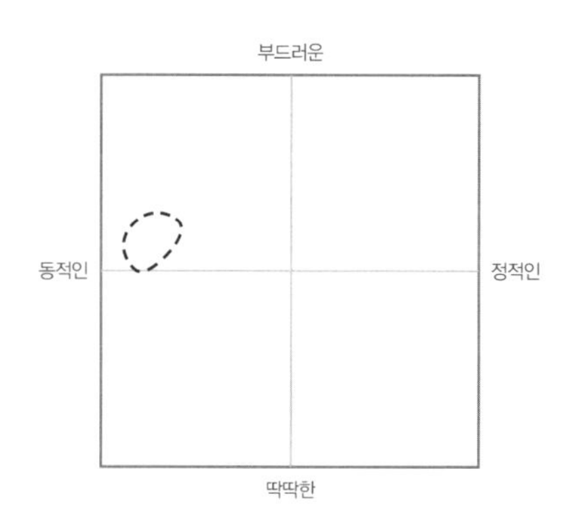

메인색상 | 주황색(YR)과 노란색(Y)
보조색상 | 녹색(G), 자주색(RP)
톤 | 기본 색조–선명한 색조(vivid)

Color Palette

케이크 옆면을 자연스럽게 드러낸 네이키드 아이싱에 오렌지와 레몬을 연상시키는 상큼한 케이크. 메인색상인 주황과 노랑을 기본 색조와 선명한 색조로 톤을 잡았다. 노란색의 카탈리나 로즈와 주황색의 카라루나 로즈를 배열해 경쾌하면서 활발한 느낌을 주고 레몬트리의 자연스럽게 휜 잎이 싱그러움과 유쾌함을 더한다. 가족이나 친구와의 모임에 생기발랄함과 즐거움을 줄 수 있는 케이크이다.

케이크 아이싱

Cake icing

화이트 제누아즈 시트 4장

네이키드 아이싱하기(애벌 아이싱)

자세한 내용은 p62 참고.

1. 시트 사이마다 크림을 샌드한다.

2. 애벌 아이싱과 비슷한 형태로 크림을 발라준다.

3. 튀어나온 윗면 크림은 스패출러로 정리한다.

네이키드 아이싱?

케이크 아이싱에서 옆면을 그대로 두거나(샌드), 혹은 시트의 옆면을 살짝 드러내며 가볍게 아이싱하는 기법(애벌 아이싱)을 '네이키드 아이싱'이라 부른다. 케이크 디자인이 다양해지면서 여러 가지 기법이 시도되고 있는데, 네이키드 아이싱은 꼭 아이싱을 꼼꼼히 완성하지 않아도 내추럴한 느낌을 자아내 충분히 먹음직스럽고 예쁜 케이크가 완성된다. 아이싱이 서툰 초보자가 만들기에 쉽다는 장점도 있다.

꽃 고르기

Fresh flower selecting

- 카라루나 로즈는 줄기 하나에 꽃이 하나씩 피는 매스 플라워이다. 오렌지, 피치, 옐로우 등이 주 컬러로 고급스럽고 우아한 느낌이 든다.
- 카탈리나 로즈는 부드러운 노란색에 동그란 화형을 지닌 스프레이형 장미이다. 줄기 하나에 세 송이 정도의 꽃이 핀다. 줄리엣 로즈와 비슷해 오해를 받기도 한다.
- 레드베리는 작고 귀여운 빨간 열매가 잔잔하게 달려 있는 라인 플라워이다. 열매가 떨어질 수도 있으니 구입 시 싱싱한 상태를 골라 사용한다.
- 레몬트리는 구불거리는 자연스러운 잎을 가지고 있으며 어레인지 시 케이크에 싱그러운 느낌을 더해준다.

어레인지

Arrange

케이크 준비하기

1. 네이키드 아이싱한 케이크를 준비한다.

메인 꽃 올리기

2. 메인이 될 카라루나 로즈를 알맞은 위치에 놓아 중심을 잡는다.

꽃 올리기

3. 카탈리나 로즈를 더하여 메인 꽃인 카라루나 로즈를 보완해준다.

그린 소재 올리기

4. 빈 공간에 레드베리와 레몬트리를 추가해 케이크를 완성한다.

레벨 ★★★☆☆

시트 홍차 시폰

플라워 샤만트 로즈, 사피아잼 로즈, 소국

소국과 샤만트 로즈

#사랑스러운 #향기로운 #달콤한 #여성스러운

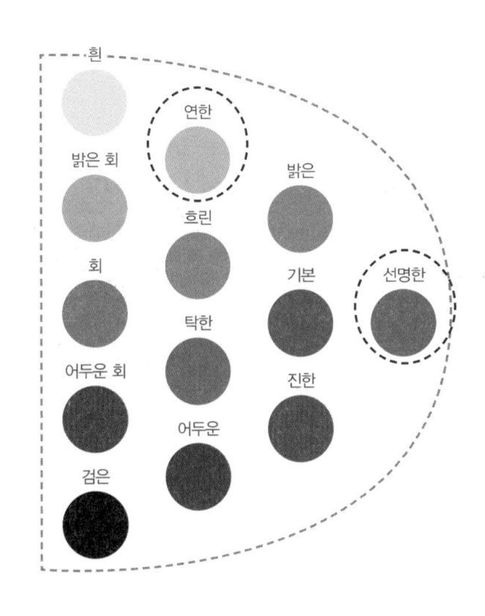

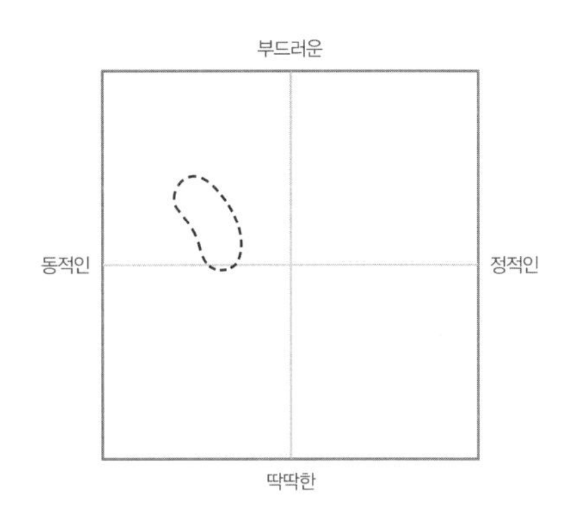

메인색상 | 주황색(YR), 자주색(RP)
보조색상 | 붉은 보라색(rP)
톤 | 선명한 색조(vivid)–연한 색조(pale)

Color Palette

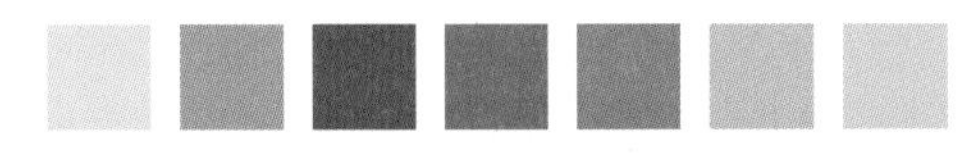

꽃이 중앙에 담긴 사랑스러운 시폰 케이크. 메인색상인 자주, 주황을 선명한 색조, 연한 색조로 톤을 잡았다. 샤만트 로즈의 연한 살굿빛이 사랑스러우면서도 여성스러운 이미지를 준다. 사피아잼 로즈는 고채도의 분홍과 연한 복숭아색이 자연스럽게 그러데이션을 이루어 사랑스러우면서도 동시에 빈티지한 매력을 지니고 있다. 20대 초반의 여성, 30대 여성 모두에게 어필할 수 있는 케이크이다.

케이크 아이싱

Cake icing

시폰 아이싱하기

1. 홍차 시폰 시트를 준비한다.

2. 생크림을 준비하고 윗면에 크림을 넉넉히 바른다.

3. 옆면에도 크림을 충분히 바른다.

4. 스패출러를 이용해 시폰 중앙의 구멍을 정리한다.

5. 윗면 크림을 스패출러로 정리한다.

6. 남은 생크림을 스패출러에 묻힌 다음 옆면에 가볍게 쓸어 올려 데코한다.

꽃 고르기

Fresh flower selecting

- 샤만트 로즈는 줄기 하나에 꽃이 하나씩 피는 매스 플라워이다. 옅은 살구색, 크림색이 주를 이뤄 우아하고 로맨틱한 느낌을 자아내 신부의 부케 소재로 인기가 많다.
- 사피아잼 로즈는 줄기 하나에 여러 꽃이 피는 스프레이형의 미니 로즈이며 '행복한 사랑'이라는 꽃말을 지니고 있다. 연한 분홍색의 꽃잎이 가장자리로 갈수록 짙어져 아름다운 색감을 자랑한다.
- 보라색 소국 아르거스는 대중적이고 널리 잘 알려진 꽃이다. 연한 보라색의 꽃 한 가운데 보이는 짙은 와인 빛깔의 꽃술이 매력적이다.

어레인지

Arrange

케이크 준비하기

1. 아이싱한 시폰 케이크를 준비한다.

꽃 올리기

2. 메인이 될 샤만트 로즈를 알맞은 위치에 놓는다.

꽃 올리기

3. 사파이잼 로즈를 더해 전체적인 형태를 잡는다.

마무리하기

4. 빈 공간에 소국을 채우고 전체적으로 봉긋한 돔 모양이 되도록 어레인지한다.

레벨 ★★★★☆

시트 색소를 더한 화이트 제누아즈

플라워 브루트 로즈, 돌세토 로즈, 에린지움, 미스티블루, 유칼립투스

돌세토 로즈와 미스티블루

#섬세한 #잔잔한 #페미닌한 #기품 있는

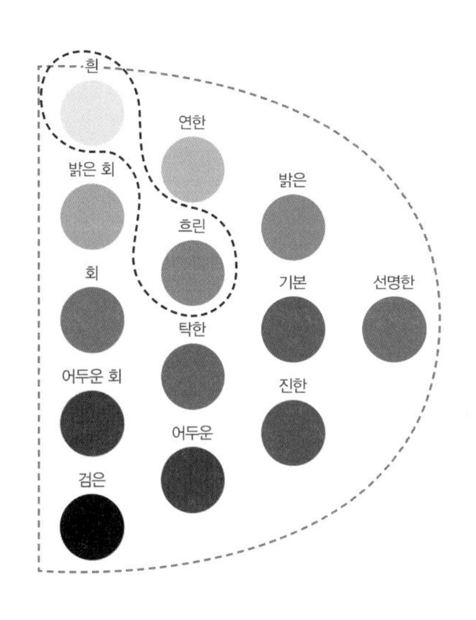

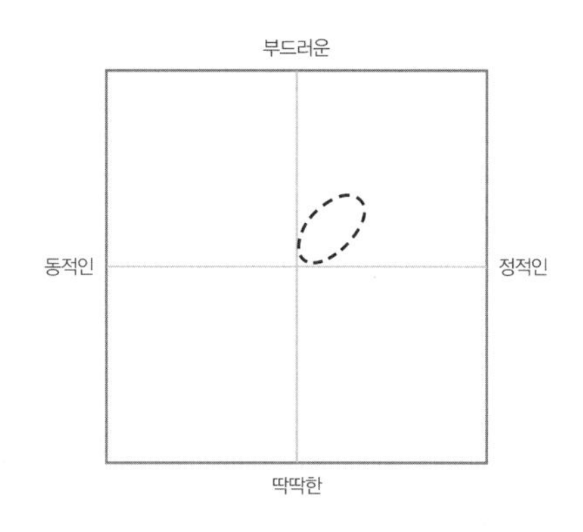

메인색상 | 자주색(RP), 보라색(P)

보조색상 | 남색(PB), 녹색(G)

톤 | 흐린 색조(soft)–흰 색조(whitish)

Color Palette

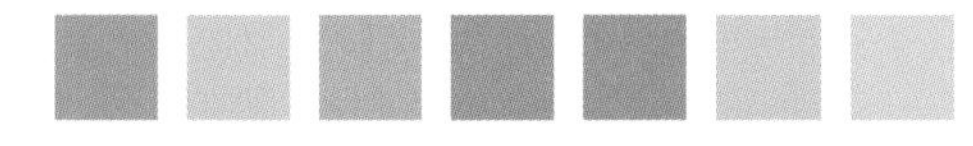

보라색의 꽃과 각기 다른 색소로 만든 시트가 그러데이션을 이루는 것이 특징인 케이크. 시트는 남색부터 자주색까지 자연스럽게 연결되고 꽃은 흐린 보라색과 흰 자주색을 띠고 있다. 여린 분홍색과 빛 바랜 보라색의 꽃이 우아하고 기품 있게 어우러져 여성스러움을 극대화한다. 감사한 은사님이나 선배 등 오랜 기간 알고 지낸 소중한 사람에게 선물하기 좋은 케이크이다.

케이크 아이싱

Cake icing

샌드하기

1. 시트를 한 장 준비한다.

2. 스패출러로 크림을 떠서 시트 윗면에 바르고 두 번째 시트를 올린다.

3. 세 번째 시트도 올려 앞의 과정을 똑같이 반복한다.

4. 마지막 시트를 올려 완성한다. 윗면, 옆면에는 따로 아이싱을 하지 않는다.

꽃 고르기

Fresh flower selecting

- 브루트 로즈는 큰 화형의 매스 플라워이며 '행복한 사랑'이라는 꽃말을 지니고 있다. 연한 크림색과 핑크색이 어우러져 단아하면서 사랑스러운 느낌을 주기 때문에 신부의 부케 메인 소재로 인기가 많다.
- 돌세토 로즈는 주로 보라색을 띠고 있으나 겉잎으로 갈수록 빛이 바랜 듯한 느낌을 갖고 있어 빈티지한 매력이 있다. '영원한 사랑'이라는 꽃말을 지니고 있다.
- 미스티블루는 은은한 보라색이 수수하면서 자연스러운 매력을 자아낸다. 본래 필러 플라워지만 최근에는 내추럴 스타일의 부케로도 사용된다.
- 유칼립투스는 북유럽 스타일의 인테리어가 유행하며 큰 인기를 끌고 있다. 향도 좋고, 벌레 퇴치용으로 집에 두어도 좋다.

어레인지

Arrange

케이크 준비하기

1. 네이키드 아이싱한 케이크를 준비한다.

꽃 올리기

2. 화형이 큰 돌세토 로즈를 꽂아 중심을 잡는다.

꽃 올리기

3. 브루트 로즈를 추가해 전체적인 형태를 잡는다.

그린 소재 올리기

4. 미스터블루, 유칼립투스 등을 추가해 케이크를 완성한다.

레벨 ★★★★★

시트 화이트 제누아즈

플라워 폼폼, 석죽, 루스커스, 소국

폼폼 국화와 석죽

#깨끗한 #깔끔한 #순수한 #가벼운

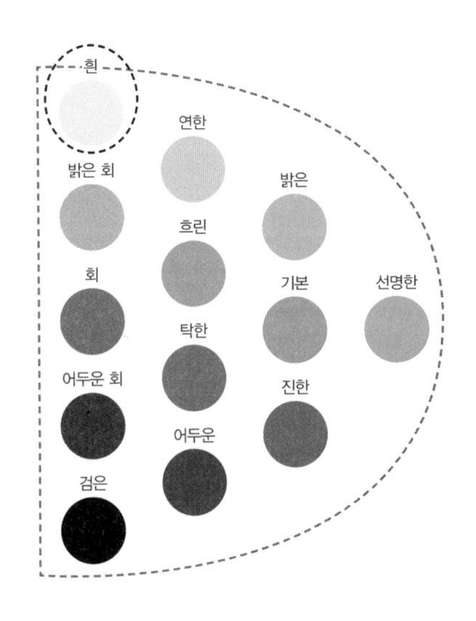

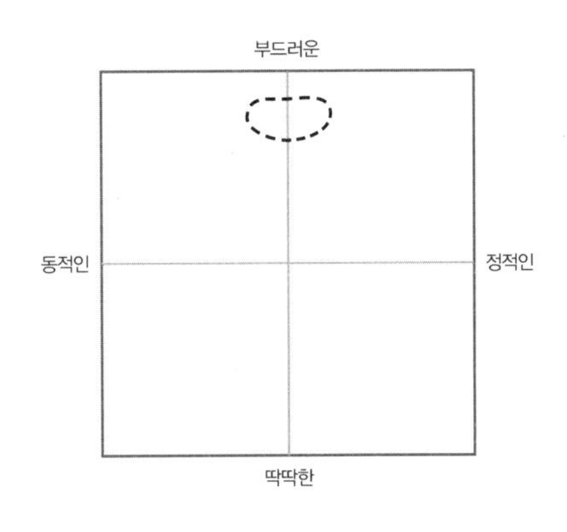

메인색상 | 흰색(Wh)
보조색상 | 녹색(G)
톤 | 흰 색조(whitish)

Color Palette

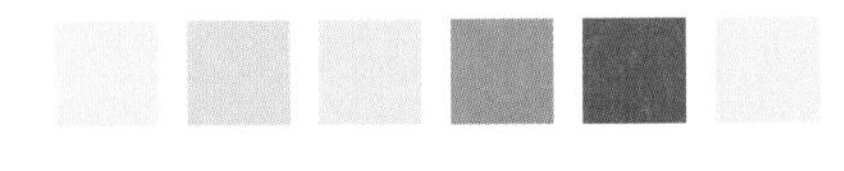

웨딩에 어울리는 2단 케이크. 흰색으로 보이는 꽃은 실제로는 흰 색조를 띤 노란색이다. 동그랗고 귀여운 폼폼 국화를 사용하면 자칫 밋밋할 수 있는 하얀 케이크에 재미를 더할 수 있다. 또 국화의 크림색이 더해지면 케이크가 더욱 부드러워 보인다. 이외에도 석죽, 소국과 같은 작고 앙증맞은 흰 꽃이 순수한 이미지를 준다. 결혼을 앞둔 예비 신부나 기념일을 맞은 신혼부부에게 선물하기 좋은 케이크이다.

케이크 아이싱

Cake icing

샌드하기

자세한 내용은 p88 참고.

아이싱하기

자세한 내용은 p89 참고.

시트 단 올리기

자세한 내용은 p142 참고.

1. 아이싱한 케이크 2개를 준비한다. 2단 케이크는 윗단과 아랫단 사이즈를 2호 정도 차이나게 만든다.
2. 윗단 아래를 스패출러로 받치고 반대편 손으로도 거든다.
3. 윗단을 아랫단 위에 올린다. 스패출러를 뺄 때 자국이 생기지 않도록 주의한다.

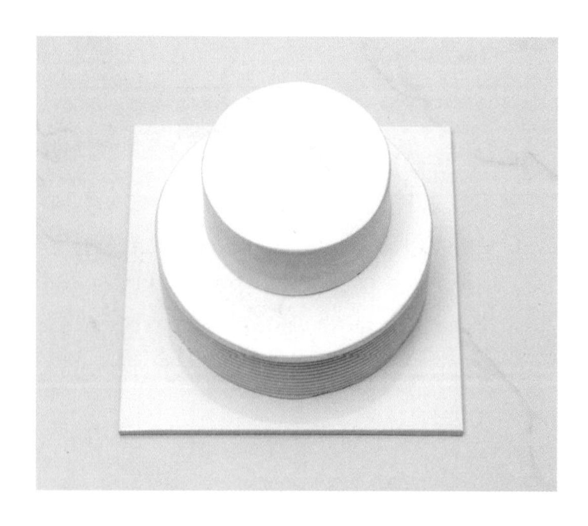

꽃 고르기

Fresh flower selecting

- 폼폼 국화는 털실로 만든 동그란 방울이라는 이름처럼 동그랗고 탐스러운 화형을 지닌 매스 플라워. 흰색, 노란색, 붉은색 등이 있고 귀여운 모습으로 인기가 많다.
- 석죽은 옛날 모자인 패랭이를 닮아 '패랭이꽃'으로 불리기도 한다. 흰색, 연한 보라색 등이 있으며 '순결한 사랑'이라는 꽃말을 가지고 있다.
- 루스커스는 어떤 꽃과 매치해도 잘 어울려 꽃다발 속의 그린 소재로 자주 사용한다. 특이하게 잎의 가운데에서 꽃이 피어나고 생명력이 매우 강해 물에 꽂아두면 오랫동안 볼 수 있다.
- 흰색의 소국은 성실과 진실을 의미한다고 한다. 관리가 쉽고 꽃의 생명력도 긴 편이라 각종 꽃을 활용한 소품의 소재로도 다양하게 활용되고 있다. 향도 좋아 식용 목적으로도 쓰인다.

어레인지

Arrange

케이크 준비하기

1. 아이싱한 2단 케이크를 준비한다.

꽃 올리기

2. 메인이 될 폼폼을 케이크 상단에 놓는다.

꽃 올리기

3. 케이크 하단과 중간에도 꽃을 놓는다.

그린 소재 올리기

4. 빈 공간에 필러 플라워와 그린 소재를 추가해 케이크를 완성한다.

플라워케이크 맛있게 먹는 방법

버터크림 플라워케이크 *"작은 조각으로 깊은 맛 느끼기, 따뜻한 차나 원두커피와 함께."*

가장 먹기 좋은 상태의 버터크림은 손으로 만졌을 때 연고처럼 부드러운 정도이다. 부드러운 버터크림 케이크는 따뜻한 녹차나 홍차(타닌이 풍부한 차), 시럽을 넣지 않은 커피와 함께 먹을 때가 가장 맛있다. 생크림보다 맛이 깊고 풍부하니 평소 생크림 케이크를 먹을 때보다 더 작은 조각을 잘라 맛보는 것이 좋다. 입에서 사르르 녹는 버터크림의 참맛을 느끼고자 한다면 버터크림 케이크를 냉장 보관했을 경우 먹기 전 실온에 꺼내두는 것을 잊지 말자.

앙금 플라워케이크 *"전통 음료인 식혜나 수정과와 함께 즐겨요."*

앙금을 올린 떡케이크는 우리나라 전통 음료인 식혜나 수정과와 함께 즐기면 좋다. 참고로 케이크에 무스띠가 둘러져 있다면 이는 떡이 마르는 것을 방지하기 위함이니 먹기 직전에 벗겨낸다. 떡이라 빵처럼 깔끔하게 자르기는 힘들기 때문에 중요한 자리라면 떡을 찌기 전에 칼로 미리 금을 넣도록 한다. 그러면 나중에 금을 넣은 대로 케이크가 예쁘게 떨어진다.

생화 케이크(생크림) *"살짝 차갑게 먹어야 맛있어요."*

생크림 케이크는 약간 차가운 기운이 있을 때 먹어야 맛이 가장 좋으며 우유나 주스, 커피, 차 등 다양한 음료와 거의 다 잘 어울리는 편이다. 참고로 생화 케이크는 지나치게 낮은 온도에선 꽃이 상할 수 있으니 주의하고 비닐에 밀봉해 보관한다. 생크림은 버터크림보다 보관할 수 있는 기한이 짧아 보관 후 2~3일 이내에 먹는 것을 추천한다.

도구 및 재료 구입처

베이킹 경험이 없는 초보자의 경우 온라인을 통해 본인에게 필요한 것을 알맞게 구입하기란 쉽지 않다. 기왕이면 관련 도구가 밀집해 있는 도매시장을 직접 방문하는 것이 좋다. 또 생화 케이크에 올릴 꽃이 많이 필요한 경우에는 꽃시장을 직접 방문해 종류별로 한 단씩 구매하면 구입비를 줄일 수 있다. 반면 케이크 한두 개 정도를 만들기 위한 꽃이 필요할 때는 인근 꽃가게에서 필요한 만큼만 사는 것이 더 효율적이다.

온라인

– 베이킹스쿨 www.bakingschool.co.kr

다양한 베이킹 도구는 물론 재료, 관련 서적까지 구입할 수 있다. 최저가 판매나 체험단 모집 등 다양한 이벤트를 수시로 진행하고, 회원들이 자발적으로 올리는 많은 레시피까지 만날 수 있는 대표적인 온라인 쇼핑몰이다. 비슷한 곳으로 이지베이킹, 베이킹나라 등이 있다.

– 식신닷컴 www.siksin.com

쌀 베이킹, 떡 관련 재료와 도구를 주로 판매하는 곳이다. 앙금 플라워 만들기를 위한 팁, 네일 등의 소도구가 특히 잘 구비되어 있다. 비슷한 곳으로 소소샵, 참새방앗간 등이 있다.

– 포장119 www.package119.com

케이크 상자나 포장 재료를 구매할 수 있는 곳이다. 서울 방산시장에 오프라인 매장이 있어 직접 가볼 수도 있다. 비슷한 곳으로 새로포장, 고려포장 등이 있다.

오프라인

– 방산시장 서울시 중구 을지로33길 18-1(1호선 종로5가역, 2호선 을지로 4가역)

베이킹 관련 재료와 도구, 포장 재료까지 모두 한번에 만날 수 있는 곳이다. 좁은 골목에 다양한 상점이 밀집해 있어 편하게 둘러보기는 힘들지만 다양한 물건을 눈으로 직접 확인하고 고를 수 있다는 것은 분명 큰 장점이다. 똑같은 물건도 가게마다 다른 가격으로 판매되는 경우가 있기 때문에 잘 살펴보고 구매하는 것이 필요하다. 상점마다 영업시간이 다르지만 빠르면 오후 5시에 문을 닫는 곳도 있으니 미리 확인하고 방문하자. 명절 연휴 및 일요일은 휴무.

– 재료 : 용천상회(02-2272-5047), 의신상회(02-2265-1398)
– 도구 : 대우공업사(02-2267-4000), 경훈공업사(02-2275-5902), 다온베이킹(02-2277-7823), 아이러브초코(02-2272-9979)
– 포장 재료 : 포장119(02-2273-1192), 서흥E&Pack(02-2279-1951), 청명앤청솔(02-1577-6067), 새로피앤엘 (02-1899-0715)

– 고속버스터미널 화훼상가 서울시 서초구 신반포로 194 강남고속버스터미널(3호선 고속터미널역)

고속버스터미널 3층에서는 생화뿐 아니라 조화, 관련 포장 재료도 구입할 수 있다. 국산 꽃은 월, 수, 금요일, 수입 꽃은 화, 목요일에 들어온다. 카드 사용은 어려우니 현금을 준비해가는 것이 좋다. 꽃시장은 자정부터 열리지만 주로 오전 7~9시 정도에 가장 다양한 꽃을 만날 수 있다. 생화시장은 보통 오후 1시쯤 일찍 마감을 하므로 오후 늦게 방문하지 않도록 한다. 방산시장과 마찬가지로 일요일은 휴무.

플라워케이크 자격증을 따고 싶다면

플라워케이크를 전문적으로 다루는 케이크 디자이너를 '플라워케이크 마스터'라 부른다. 이들은 각종 소재로 플라워 데커레이션을 연출하여 케이크의 부가가치를 높이고 나아가 이를 교육하는 역할을 한다. 버터크림, 앙금. 생화 각각의 부문을 취득할 수 있고 1급과 2급으로 나눠져 운영되고 있다.

– 플라워케이크 전문 강사(1급)

플라워케이크에 필요한 다양한 기술을 바탕으로 이에 최적화된 교육 프로그램을 설계해 운영한다. 또한 색채와 디자인에 대한 충분한 이해를 통해 케이크 디자인을 교육할 수 있으며 후계 강사를 양성할 수도 있다.

– 플라워케이크 디자이너(2급)

각자의 감성과 개성이 드러나는 케이크를 만들기 위해 관련된 기초 자료를 수집 및 분석하여 콘셉트와 타깃에 맞는 디자인을 기획함으로써 케이크의 가치를 높이는 역할을 한다.

매월 시행되는 자격증 검정시험 일정은 대한플라워케이크협회 사이트(www.flowercake.net)와 네이버 카페(cafe.naver.com/flowercakes)에 공지되며 대한플라워케이크협회와 국내외 지부에서 자격증 취득을 위한 전문적인 교육을 받을 수 있다.

자격증 정보

플라워케이크마스터 자격증

발급기관 : 대한플라워케이크협회(Korean Flowercake Association, KFA)
소 재 지 : 서울시 성동구 성수이로 24길 50, 별관 2층
주무부처 : 식품의약품안전처
자 격 명 : 플라워케이크마스터(버터크림) 등록번호 2014-4378
: 플라워케이크마스터(앙금) 등록번호 2015-006311
: 플라워케이크마스터(생화) 등록번호 2015-006310
등 급 : 2급(디자이너), 1급(전문강사)
자격종류 : 등록 민간자격

출간 전 원고를 검토해주신 베타테스터의 의견입니다.
베타테스터는 요리, 베이킹, 떡 등 관련 분야의 전문가로 구성되었습니다.

케이크 시트 만들기, 크림 만들기, 떡이나 앙금을 만드는 것뿐 아니라 많은 강사가 선뜻 알려주기 꺼려하는 꽃 짜는 방법과 팁까지 자세히 설명되어 있네요. 꼼꼼하고 자세한 색채 강의와 생화를 이용한 케이크 장식 방법도 담겨 있어 더욱 알찼습니다. 이 책 하나면 있으면 고액의 수업을 듣는 것보다 훨씬 더 알차게 배울 수 있겠어요. 그야말로 플라워케이크의 A to Z를 제대로 짚은 정석 같은 책이에요.
내용 중에서 가장 눈이 간 부분은 단연 케이크 색채에 대한 자세한 설명이었어요. 플라워케이크는 색에 대한 이해가 참 중요합니다. 어떤 색을 쓰고 또 어떻게 색을 조합하느냐에 따라 케이크의 느낌이 완전히 달라지기 때문이죠. 이 책은 그 점을 잘 짚어주어 인상 깊었습니다.

요리연구가 | 사과향 김지현

저는 요리책을 볼 때면 항상 앞부분을 자세히 살펴봐요. 재료를 충분히 이해한 다음 응용으로 넘어가기 위해서지요. 이 책 역시 앞부분부터 주의 깊게 봤는데 몇 페이지만 보고도 이건 그야말로 '플라워케이크의 교과서'가 아닐까 싶었습니다. 도구 사용법과 조색 응용법 그리고 제일 중요한 꽃 짜는 법, 파이핑을 잘 이해할 수 있도록 상세하게 설명하고 있네요. 버터크림과 앙금의 차이점, 아이싱 방법 등 전반적으로 플라워케이크 만들기에 필요한 기술이 눈과 귀에 쏙쏙 들어오게 정리되어 있습니다. 과정 사진 하나하나마다 친절한 선생님의 탁월한 스킬이 느껴져요. 심지어 기본이라 놓치기 쉬운 케이크의 베이스가 되는 제누아즈, 설기 떡케이크 만드는 과정까지 상세하네요. 이 책은 보는 내내 오감으로 맛보는 기분이 든 달까요? 읽는 자체로 행복해지는 책입니다.

참새방앗간 떡 전문요리학원 강사 | 희야 김정희

전반적으로 친절하고 꽃 만드는 기술이 섬세하게 설명된 책입니다. 꽃을 만드는 데 필요한 팁이나 잡는 각도에 대한 설명이 자세히 들어가 입문자가 이해하기 쉽도록 꾸려져 있어요. 레시피, 파이핑 기술, 조화로운 색조 등 작가의 설명을 따라가다 보면 분명 누구나 아름다운 작품을 만들 수 있을 거예요. 입문자는 물론 해당 분야의 전문가도 꼭 지참해야 할 정도로 수준 높은 책입니다.
무엇보다 한 번 읽고 책꽂이에 그냥 꽂아둘 책이 아니네요. 실제 케이크를 만들 때마다 찾아보게 될 만큼 알찬 내용이라 이 점을 높이 살만 하다고 생각해요. 케이크를 만들면서 읽다보면 재료인 크림이나 쌀가루가 여기저기 책에 묻겠죠? 그런 모습이 절로 상상 갈 정도로 실용적인 책입니다.

미국 메릴랜드 메리어트 호텔 파티시에 | 데이지 은정연

플라워케이크는 만드는 방법을 잘 배워도 머릿속에서 상상한 케이크를 실제로 구현해내기가 참 어렵습니다. 컬러에 대한 이해가 충분히 되었고 원하는 컬러를 제대로 알아야 내가 원하는 케이크가 나오기 때문이지요. 바로 이 부분을 시원하게 긁어줄 요량으로 책 속에 케이크마다 컬러 팔레트를 수록하셨네요. 색 조합의 기초를 다지는 데 큰 도움을 줄 것 같습니다.
눈으로 즐거움을 주는 플라워케이크라도 먹는 음식이기 때문에 맛이 없다면 빛 좋은 개살구에 지나지 않죠. 베이킹 이론이 탄탄한 전문가가 써서 그런지 기본적인 시트, 크림 만드는 법은 물론이고 재료의 보관법부터 맛있게 먹는 법까지 놓치지 않았네요. 오랜 시간 베이킹을 업으로 삼지 않다면 놓칠 수밖에 없는 부분까지 상세히 포착한 점이 이 책의 큰 장점이 아닐까 싶어요. 플라워케이크를 만들기 위한 단 하나의 책을 고르라면 저는 자신 있게 이 책을 권하고 싶어요.

베이킹전문가 | 도나 황지영

탐나는 플라워케이크

초판 1쇄 발행 2017년 4월 24일
개정판 1쇄 발행 2019년 1월 21일

지은이 이효주
펴낸이 이범상
펴낸곳 ㈜비전비엔피 · 이덴슬리벨

기획편집 이경원 심은정 유지현 김승희 조은아
디자인 김은주 이상재
사진 치즈스튜디오 허광
영상제작 이미지
푸드스타일링 장스타일 장연정
마케팅 한상철 이성호 최은석
전자책 김성화 김희정 김다혜 이병준
관리 이다정

주소 우) 04034 서울시 마포구 잔다리로7길 12 (서교동)
전화 02)338-2411 **팩스** 02)338-2413
홈페이지 www.visionbp.co.kr
이메일 visioncorea@naver.com
원고투고 editor@visionbp.co.kr

등록번호 제2009-000096호

ISBN 978-89-6322-146-5 (13590)

· 값은 뒤표지에 있습니다.
· 파본이나 잘못된 책은 구입처에서 교환해 드립니다.

이 도서의 국립중앙도서관 출판시도서목록(CIP)은 서지정보유통지원시스템 홈페이지(http://seoji.nl.go.kr)와 국가자료공동목록시스템(http://www.nl.go.kr/kolisnet)에서 이용하실 수 있습니다.(CIP제어번호 : CIP2019000158)

merry
Christmas
Noël